Practical Sequence Stratigraphy

实用层序地层学

［加拿大］Ashton Embry 著

邓宏文 肖 毅 王红亮 等译

石油工业出版社

内 容 提 要

本书总结了层序地层研究中应用的术语和方法,通过对比不同层序地层学派及理论,提供精确对比地层的可靠方法,并运用层序地层学提高各类地层圈闭油气勘探成功率。作者旨在通过系统地阐述层序地层学理论和应用中存在的问题,指出通过把地层序列置于时间格架内,层序地层研究可以在基准面变化的框架内解释沉积史和古地理演化史,从而使层序地层学研究具有可预测性。

本书适合从事地质勘探开发的研究人员和工作人员,并适应高等学校的相关专业师生。

图书在版编目(CIP)数据

实用层序地层学 /[加]恩布里(Embry,A.)著;邓宏文等译. —北京:石油工业出版社,2012.12

书名原文:Practical Sequence Stratigraphy

ISBN 978-7-5021-9304-1

Ⅰ. 实…

Ⅱ. ①恩… ②邓…

Ⅲ. 层序地层学-研究

Ⅳ. P539.2

中国版本图书馆 CIP 数据核字(2012)第 236832 号

Copyright © 2009 Ashton Enbry, All Rights Reserved

本文经 Dr. Ashton Embry 授权翻译出版,中文版权归石油工业出版社所有,侵权必究。

著作权合同登记号图字:01-2012-8854

出版发行:石油工业出版社

(北京安定门外安华里2区1号 100011)

网　　址:www.pip.cnpc.com.cn

编辑部:(010)64253574　发行部:(010)64523620

经　　销:全国新华书店

印　　刷:北京中石油彩色印刷有限责任公司

2012年12月第1版　2012年12月第1次印刷

787×1092毫米　开本:1/16　印张:9.5

字数:184千字

定价:70.00元

(如出现印装质量问题,我社发行部负责调换)

版权所有,翻印必究

译者的话

本书原著 Ashton Embry 博士为加拿大著名的层序地层学、沉积学家。他长期致力于层序地层学基础理论和应用方法的研究，1993 年在对加拿大北极圈中生界的研究中首次提出海侵—海退旋回（T—R 旋回）层序的概念和体系域划分方法。在长期的层序地层研究与实践的基础上，Ashton Embry 博士撰写了《实用层序地层学》一书，最初作为连载发表于 2008 年 5 月至 2009 年 9 月的《加拿大石油地质协会》期刊《The Reservoir》上。

在过去的 30 年里，关于层序地层学的诸多著作和论文有数千篇之多，层序地层学理论与研究方法已相当普及，特别是在油气勘探与开发领域。尽管如此，在层序地层模式和相关术语、分析方法中仍存在着诸多混乱和各种错误概念。本书在回顾层序地层学 200 多年来的发展历史和不同学派在层序地层界面选择、层序划分、实际应用中的可操作性以及存在的争议和问题等的基础上，从构建层序地层学的最基本模块——层序地层界面开始，提出了两类层序地层界面——物理界面和时间界面，以及以此为基础划分的物理界面和时间界面层序、体系域等层序地层单元，讨论了物理界面和时间界面在层序地层分级体系及地层对比中的应用和意义，并分析了构造运动和海平面变化在驱动产生层序地层界面的基准面旋回过程中的作用。书中系统地梳理了目前层序地层研究领域中的术语和分析方法，并以典型露头、岩心、测井、地震等资料绘制的精美图片详实而生动地表征和阐述了层序地层学的理论基础和各类模式，提出了层序地层学应用解决方案。本书为从事层序地层学研究和实践的科学工作者石油地质家提供了可靠的层序地层划分方法和广阔的研究思路，使等时地层格架内的地层对比更为精确。同时，作为石油地质专业书籍，本书为总体把握层序地层学概念和解决具体生产实践可能遇到的问题提供了很好的理论依据和实例分析，对于培养层序地层学专业人才，也是一本较为全面的实例集。

本书内容主要分为 6 个部分。第一部分介绍层序地层学学科的发展历史，并综合分析层序地层学不同学派的理论基础，第二部分介绍基于沉积物的层序地层界面（简称为物理界面）的定义和特征，第三部分介绍了基于模型（等时）的层序地层界面（简称为时间界面）的定义和特征，第四部分介绍基于物理界面和时间界面的不同层序地层单元（体系域和准层序等）及其划分方法和存在的问题，第五部分介绍不同级别层序地层界面和单元划分以及对比过程中存在的问题和解决方案，第六部分介绍构造运动和海平面变化对基准面旋回的控制作用以及层序地层学在石油勘探中的应用。

本书的翻译工作由中国地质大学能源学院邓宏文教授领导的层序地层学与沉积学研究组完成，其中邓宏文（第一、二、三章）、肖毅（第五、七、十一、十四章）、潘涛（第四章）、郑文波（第六章）、高晓鹏（第八章）、穆娜娜（第九章）、郭佳（第十章和插图翻译）、童川川（第十二章）、韦腾强（第十三章）和秦雁群（第十五章）等翻译了初稿，肖毅博士和邓宏文教授对初稿进行了审校，定稿由邓宏文教授、肖毅博士和王红亮副教授负责完成。

本书在翻译的全过程中，得到了原著作者 Ashton Embry 博士的直接指导。石油工业出版社的同仁对本书的出版给予了支持和帮助，在此一并表示忠心的感谢！

由于水平有限，译文中不足之处，恳请读者批评指正。

邓宏文
2012 年 8 月 26 日

致　　谢

　　首先，我要感谢现代地层学的创始者 Hollis Hedberg 先生所作的重大贡献。他在 40 年间（20 世纪 30 年代末期至 20 世纪 70 年代末期）确定了地层学分类和术语的指导原则，所提出的思想和告诫，即使在今天看来也都是意义重大的。

　　我还要感谢 CSPG《The Reservoir》期刊的编辑 Ben McKenzie 先生，他鼓励我撰写了这本层序地层学论文集，而且对其中的每篇文章都进行了详细的编辑。他对这本论文集的出版也作出了杰出的贡献。

　　我还要感谢 CSPG 公关协调人 Heather Tyminski 先生，他关心每篇文章的版面设计，并总是能够对咨询提出良好的建议。

　　在过去的 40 年中，我曾和很多研究者一起讨论过层序地层学中的诸多概念，在此对他们表示感谢。尤其要感谢挪威国家石油公司（Statoi Hydro）的 Erik Johannessen 和卡尔加里大学的 Benoit Beauchamp，当我懈怠时他们总是督促和鼓励我去完成这项工作。本论文集中的许多概念是与他们交谈和争论的结果。

　　我还要感谢我就职的加拿大地质调查所培养和资助了我的研究工作，并允许我发表这些论文。我还要感谢我的同事 Dave Sargent，他不但熟练地绘制了所有的图件，而且还对许多图件的设计作出了改进。

本书作者：Ashton Embry 博士

目　录

1　绪论 …………………………………………………………………………… 1

2　层序地层学发展史：前200年（1788—1988） ……………………………… 4

3　层序地层学发展史：近20年（1988—2008） ………………………………… 10

4　层序地层学物理界面（Ⅰ）：陆上不整合面和海退冲刷面 ………………… 17

5　层序地层学物理界面（Ⅱ）：滨岸海蚀面和最大海退面 …………………… 24

6　层序地层学物理界面（Ⅲ）：最大海泛面和陆坡上超面 …………………… 33

7　层序地层物理界面的基准面变化模型 ………………………………………… 41

8　层序地层学时间界面 …………………………………………………………… 51

9　层序地层学单元（Ⅰ）：基于物理界面界定的层序 ………………………… 59

10　层序地层学单元（Ⅱ）：基于时间界面界定的沉积层序 ………………… 69

11　层序地层学单元（Ⅲ）：体系域 …………………………………………… 75

12　层序地层学单元（Ⅳ）：准层序 …………………………………………… 84

13　层序地层学级别系统 ………………………………………………………… 91

14　地层对比 ……………………………………………………………………… 100

15　基准面变化的控制因素及在油气勘探中的应用 …………………………… 111

词汇表 ……………………………………………………………………………… 121

参考文献 …………………………………………………………………………… 133

1 绪论

本章是我热爱的学科之一《层序地层学》论文集的开篇。我之所以将该论文集称为"实用层序地层学",是因为我着重强调了这一学科的可应用性,而不是详述其理论模式。本论文集中的每一章包含一个主题,我相信,在坚持阅读完所有文章后,读者将会对层序地层学是什么以及"如何用于寻找石油"有一个清晰的理解。

在过去的30年里,有几十本著作和数千篇论文都是关于层序地层学的。层序地层学成为沉积盆地内建立对比格架最常用的地层学学科,这主要是由于它在岩心和露头数据上、在测井及地震上都具有易用性,而且更重要的是它的成本很低。尽管层序地层学已经如此普及,但其分析方法和术语(如层序单元的定义)中仍存在诸多混乱和各种各样的错误概念。这是十分遗憾的,因为层序地层学可以为相分析和沉积盆地古地理演化和沉积史解释提供很好的基础。

我之所以致力于推进层序地层学研究方法,是因为我发现无法应用20年前Exxon科学家提出的有关方法和术语。作为加拿大地质调查所的一名地层学工作者,我的主要工作是对加拿大北极群岛中生界沉积序列进行描述和解释。层序地层分析是这些研究工作的核心部分,但令人沮丧的是,我无法在研究中严谨地使用Exxon科学家提出的方法与术语。此外,当我仔细查阅有关文献,以了解其他研究者是如何应用Exxon方法时,我发现所有这些应用不是有问题,就是没有真正使用Exxon的方法。这就促使我去发展一些能够被客观地应用的层序地层学方法和术语,而且要求这些方法和术语能够在各种地质背景下应用,不管是露头还是地下,不管是未受构造影响的盆地充填序列还是那些因受到构造影响而只留下片段地层记录的区域。最后,要求所提出的层序地层学方法和术语能够应用于露头、由岩屑或岩心标定过的测井曲线和地震数据也是很关键的。在上述工作过程中,我得到了加拿大地质调查所的同事们特别是Benoit Beauchamp和Jim Dixon的帮助。他们在将层序地层学应用到区域地层序列的过程中遇到了与我同样的问题。在挪威国家石油公司(Statoil Hydro)工作的Erik Johannessen也给了我极大的帮助以及意见反馈,他从石油勘探家的角度看到了Exxon公司所提出的层序地层学中存在的问题。

本书将总结我和我的同事们在层序地层研究中认为最有用的层序地层学术语和方法。我们的方法具有很多与 Exxon 一致的特点，但也有很大区别。我相信，如果能够被正确地使用，层序地层学将是一种进行精确地层对比的可靠方法。而精确的地层对比横剖面是油气勘探中寻找地层圈闭最基础的工作，因此，运用层序地层学能够提高各类地层圈闭油气勘探的成功率。层序地层研究是把地层序列置于等时格架内，由此可以在基准面变化的框架内解释沉积史和古地理演化史，其结论使得层序地层学研究具有可预测性。

下面，我将讨论为什么将层序地层学视为一门独立的地层学科，而不是一个涵盖各种来源资料的大杂烩。

地层学与地层学科

地层学是研究遵循 Steno 叠置法则（新地层上覆在老地层之上）的层状岩石的科学。叠置法则区分地层单元和界面的相对时间顺序，并通过对不同位置的地层单元和界面进行对比，从而建立全球范围内的地层的相对时间顺序。地层学包括对地层的物理、生物和化学性质的识别与解释，并根据这些性质的垂向变化定义一系列的地层界面和单元。

不同的地层学科根据不同的特定性质进行地层单元的定义、描述和解释。根据地层特定性质的垂向变化可以识别和划分地层界面，并利用这些界面来确定地层单元的边界及进行地层对比。自 William Smith 时代以来，岩性地层学（岩性变化）和生物地层学（化石的变化）统治了地层分析。然而在过去的 50 年中，对地层的其他特征的研究催生了新的地层学科，这些新学科均有各自的地层单元和界面体系。被正式接纳的新地层学学科包括磁性地层学（磁性的变化）、化学地层学（化学性质的变化）和层序地层学（沉积趋势的变化）。

每一门地层学科都是通过对比不同地点之间地层某种特定属性来确定地层单元的边界。地层岩石的属性通常可以在很大范围内变化，由此可以通过对比定义多个区域性地层单元。另外，确定地层序列中不同单元的年代关系是很有用的。为此，需要评价通过对比得出的地层边界之间的时间关系。每个地层界面都代表在某个不连续的时间间隔内发生的一幕变化，因此在其延续范围内均有不同程度的穿时性。要进行等时地层分析，即把所研究的地层置于时间地层格架内，必须分析每一个对比边界的等时性，即与真正等时边界的接近程度。

低穿时性的地层界面，即在短时间内形成的界面，是我们能够获得的最具等时性的界面，对于构建地层横剖面和等时地层格架最有用。这样的界面通常是通过生物地层学来确定，而不是通过岩性地层学确定（如斑脱岩）。近些年来，磁性地层学和化学地层学也被用来建立近似的等时地层格架。在石油地质中，应用磁性地层学和化学地层学分析方法的主要问题是耗时长、费用昂贵,而且分析人员需要经过特殊训练。另外,这些方法需要取自露头或岩心的样品,而这些在绝大多数地下地质研究中常常是不具备的。所有这些因素都极大地限制了磁性地层学和化学地层学分析方法在石油勘探中的应用。正如下面将要谈到的,层序地层学则没有这些缺陷和限制条件,所以可以用于建立近似的等时地层格架。

在层序地层学中,用来定义和划分层序地层界面,并使层序地层学成为一门独特的地层学学科的、可以识别的地层属性变化是沉积趋势变化。沉积趋势变化的实例包括:从沉积作用转变为侵蚀作用或饥饿沉积作用,或者相反;从向上变粗转变为向上变细,或者相反;从向上变浅转变为向上变深,或者相反。这些沉积趋势变化是以客观的观察和解释为基础的,是定义特定层序地层界面的主要依据。向上变粗转变为向上变细和向上变浅转变为向上变深这两种沉积趋势变化常用来解释从海退到海侵的变化趋势,反之则解释从海侵到海退的变化趋势。在层序地层学中有时也从沉积趋势变化中解读出基准面的变化,基准面从下降转变为上升,或者相反,但正如下面将要指出的,这种解读并不是在任何资料中都能够实现的。

这种沉积趋势的变化被用来定义和划分某种特定类型的层序地层界面(如从沉积作用转变为陆上剥蚀作用可以用来定义和划分陆上不整合面),反过来,所定义和划分的界面又可以用来进行地层对比和定义特定的层序地层单元(如层序)。

因此,我们可以认为层序地层学包括:

(1)识别和对比反映岩石记录中沉积趋势变化的地层界面;

(2)描述和解释以这些界面为边界的相应的成因地层单元。

每个层序地层界面都具备多个物理特征,通过以下两方面进行识别:

(1)界面本身的以及界面上下地层的沉积学标志;

(2)界面与其上下地层之间的几何关系。

因此,用于层序地层分析的基础资料类型必须要求能够进行合理的相序解释和确定地层几何形态。来自其他地层学科(如生物地层学和化学地层学)的数据也有助于界面识别(如帮助确定地层几何形态),但却不能用于描述界面特征。

对每一门地层学科而言,具备坚实的理论基础,把各种地层界面的形成与地球上所发生的现象联系起来是有用的,但这不是绝对必要的。例如,在生物地层学中,界面代表着化石种类和含量的变化,而这种变化主要是由于沉积环境变迁和生物演化的相互作用造成的。应注意到的是,生物地层学早在进化论产生之前就已经繁荣昌盛了。在有理论对其进行解释之前,绝大多数层序地层界面都已从地层岩石记录中被识别出来,并用于地层对比。最终,这些层序地层界面的成因被假设为沉积作用与基准面相对变化之间的相互作用造成的。目前,这一理论模式已经被广泛地接受。在下一章中笔者将从经验观察和理论基础两方面来回顾一下层序地层学的发展历史。

层序地层学发展史：

前 200 年（1788—1988）

在第一章中，我强调了层序地层学是诸多的地层学科之一，每门地层学科均有其用于对比和确定地层单元的特定的地层界面。我定义层序地层学为：（1）识别和对比岩石记录中沉积趋势变化的地层界面；（2）对以这些界面为边界的成因地层单元进行描述和解释。上述层序地层学的理解和简洁定义是在该学科经历了长时间和曲折的发展后才获得的。

在本章和下一章中，我将回顾层序地层学的发展历史。从首次识别出层序地层界面到今天，层序地层学已经成为一门相当综合的地层学科，但还存在着对界面缺乏理论上的认识、术语过于复杂和工作方法等问题。

早期研究

从 18 世纪晚期现代地质学的创始者 James Hutton 首先认识到不整合是一种特殊类型的地层界面，代表着重大的时间间断开始，层序地层学就已经开始了它的缓慢发展历程。也就是从那时起，不整合面就被作为十分有用的地层界面用于地层对比、划分地层单元和进行地史分析。因为不整合面反映了沉积趋势变化，因而成为层序地层学中最常用的界面之一。由此可以说，从 Hutton 定义不整合面时起层序地层学就已经诞生了。

在 19 世纪就存在关于不整合面成因的争论，即不整合面是由于构造运动导致地表上升造成的还是海平面下降造成的。19 世纪末，研究者已经普遍认为不整合面产生于构造运动，代表着一幕地壳运动，因此是进行全球地层对比的关键。在 20 世纪最初的 20 年，已经认识到与不整合面有关的几种重要的地层接触关系。Grabau（1906）描述了不整合面之下地层的削截和其上地层的超覆现象。Barrell（1917）在提出基准面的概念的同时，首次提出的层序地层发育模式中定义的基准面是一个抽象面，它限制了地表沉积作用的最大限度，并提出基准面升降旋回在地层记录中所产生的多个不整合。值得注意的是，Barrell 还定义了沉积间断的概念，与不整合相比，沉积间断代表了地层记录中可以忽略的沉积间隔。令人遗憾的是，Barrell 在发表关于基准面和不整合的文章后不久，就因感染流感而病倒，他的超越时代的不整合面概念因此就被搁置了很长时间。

20 世纪 30 年代，以不整合面为界的小规模地层单元在美国中部石炭系中被识别出来，Weller 等称之为旋回层（Weller，1930；Wanless and Shepard 1936）。我们现在知道这些旋回的形成与冈瓦纳冰川周期性消长导致的海平面升降有关，然而当时曾对其是构造运动成因还是海平面升降成因而进行了激烈争论。

Sloss 和 Wheeler

早在 60 多年前，当 Sloss 等（1949）用层序这个术语来命名遍布北美大陆大部分地区的以大型区域不整合为界的大规模地层单元时，层序地层学就作为一个特殊的地层学科诞生了。Krumbein 和 Sloss（1951）进一步把层序定义为大型构造旋回。直到 20 世纪 60 年代早期，Sloss（1963）充分发展了层序的概念，并命名了六个在北美大陆发育的层序。Sloss（1963）把这些以不整合面为界的层序解释为由北美大陆范围内的幕式构造隆升运动造成的。

在 Sloss 等（1949）提出了层序的概念之后，Wheeler 发表了一系列文章（Wheeler 和 Murray，1957；Wheeler 1958，1959，1964a，1964b），阐述了不整合面发育及构成的层序的理论基础。与 Barrell（1917）的相似，在 Wheeler 的模式中主要参数是沉积物供给与基准面上升与下降（基准面穿越旋回）。Wheeler（1958，1959）用诸多研究实例证明以不整合面为边界的层序模式的正确性。在他所给出的大多数实例中，识别出的不整合面较 Sloss（1963）提出的遍布大陆范围的不整合面的规模要小，而且许多不整合面向盆地方向消失（Wheeler，1958，1959）。正如 Wheeler（1958，Fig.3）所说明的那样，以不整合面为边界的层序在不整合面消失的部位将变得不可识别的。因此对 Wheeler（1958）而言，层序是完全以不整合面为边界的地层单元。

把层序定义为完全以不整合面为边界的地层单元，其结果意味着大多数层序仅出现在地层间断普遍存在且易于识别的盆地边缘地带。如此定义所产生的问题是，由于不整合面沿沉积走向上分布不稳定，向盆地方向也会不发育，那么每在不整合面出现的地方就需要识别和命名新的层序（图 2.1）。另外，以不整合面为边界的层序对于地层记录中不发育沉积间断或间断不明显的近盆地中心地层的划分几乎没有什么帮助。

总之，到 20 世纪 60 年代中期，层序地层分析主要有两种不同的方法，即来自资料的经验主义，如 Sloss（1963）的工作；另外一种则是理论推断法，如 Wheeler

(1958)所使用的。很明显,这两种方法的相似之处在于都把层序定义为以基准面下降(构造隆升或海平面下降)形成的陆上不整合面为边界的地层单元。

图 2.1　以盆地边缘发育的十个不整合面为边界
可以划分出 9 个以不整合面为边界的层序

由于不同的不整合面向盆地中心延伸的范围不同,在每一个不整合面消失的地方都需要定义一系列"仅以不整合面为边界"的层序,由此造成层序命名的混乱以及不能对大部分盆地区域进行细分。这就导致了 Wheeler(1958)提出的"仅以不整合面为边界"的层序未能被广泛接受

随着堪萨斯州地质调查局第 169 期(Merriam,1964)对旋回沉积作用以及不整合概念发展的总结性文章发表后,也就是 20 世纪 60 年代中期,层序地层学的前期发展告一段落。此后,由于沉积地质学研究转向过程沉积学和相模式,对层序地层学的兴趣逐渐消退。20 世纪 70 年代中期,又有一些新的概念出现:Frazier(1974)把以海洋饥饿作用面(即现在的最大海泛面)为界的地层单元命名为沉积复合体;Chang(1976)仿照 Sloss 等(1949)的作法,把层序重新命名为"构造层"。但是,直到 Exxon 的研究者发表革命性的概念以及分析方法之前,这些新概念没有被接受,层序地层学一直处于搁置和停滞不前状态。

Peter Vail 与地震资料

随着 1977 年 AAPG 第 26 期关于地震地层学论文集的发表,研究者对层序地层学的兴趣才在再度兴起(Payton,1977)。在 AAPG 这篇具有分水岭意义的论文集中,Peter Vail 和他的同事们用区域地震剖面作为原始资料基础,说明了沉积记录是由一系列主要以不整合面为边界的地层单元所组成(Vail 等,1977)。这一认识又被一些合理的假设所完善,如许多地震反射轴平行于地层面,不整合面与削截、顶超、上超或下超的地震反射轴重合。从本质来说,Vail 等(1977)是通过运用地震资料所反映的地层的几何关系来识别不整合面的。

诸多 Exxon 的研究人员,包括 Peter Vail 在内,都曾是 Larry Sloss 的研究生,因此他们把由地震资料确定的、与不整合面有关的地层单元命名为"沉积层序"就足为奇了。在盆地边缘，层序的边界反射是以对下伏地层的削截和上覆地层的上超为特征，与 Sloss 等（1949）和 Wheeler（1958）的定义层序边界的不整合面（即不整合主要是由于陆上剥蚀作用造成的）概念相似。最重要的是要注意到，在盆缘地带包络着削截不整合的地震反射轴可以被追踪到盆地中心地带，并表现为不同的反射特征，但是没有缺失，被称为与层序边界可对比的整合部分。更普遍的情况是，上述代表层序边界可对比的整合部分的地震反射轴因发育海相上超或下超而具不整一关系。因此，在地震剖面上划分出的层序边界似乎具有复合边界的特征，即在盆地边缘以削截不整合为特征，在更靠近盆地中心部位则以海相不整合和可对比整合为特征（图2.2）。以此观察为基础，Mitchum 等（1977）提出了层序的新定义，即层序是"一个顶底以不整合面或可对比整合面为界的、相对整一的地层序列组成的地层单元"。

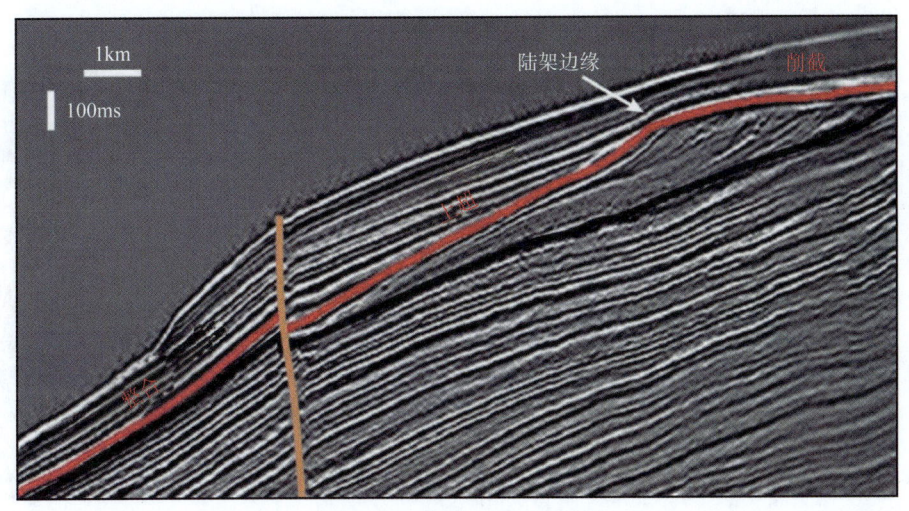

图 2.2　地震划分出的层序

在其边界（红色线）上地层具有不同的接触关系，反映了层序边界是由不同的界面组合而成的。在盆地边缘，层序边界以削截为特征，向盆地中心方向发育海相上超，而在盆地中心则是可对比的整合面。地震线来自墨西哥湾 Desoto 峡谷区第四系沉积序列（修改自 Posamentier，2003）

这一新的层序定义对层序地层学来说是意义重大的变革。有了这个层序定义，就可以对盆地的地层序列进行层序划分，而所划分出的层序在整个盆地或盆地的绝大部分区域都是能够识别的（图 2.3）。如此，不仅解决了 Sloss（1963）和 Wheeler（1958）的"仅以不整合面为边界"的层序不被接受的问题，而且也给层序地层学注入了新的生机。

总之，Exxon 的地震资料清楚地表明层序边界是区域地层对比的关键界面，层序是描述和解释沉积史最为实用的地层细分单元。Vail 等（1977）的层序边界概念中最具创新性的一点是，层序界面是由不同类型地层界面复合而成，而不只是由某种单一类型的界面构成。正是由于层序边界的这种复合特征使得层序可以在盆地的很大范围内进行对比,也是层序边界在对比中具有重要作用的关键。这种通过地震划分的复合层序边界有一个问题,就是不能确定构成复合层序边界的各个界面的特定类型。这种不确定性主要是由于在 Vail 等的时代用来进行研究工作的地震资料垂向分辨率较低造成的。在绝大多数情况中,单个反射轴所代表的地层厚度是 20~30m,因此地震资料不能分辨必要的细节,无法对产生地震剖面上代表层序边界的反射轴的地层界面的类型进行可靠识别。根据地震剖面中的削截/上超关系可以合理地得出,在盆地边缘陆上不整合面构成了层序边界。然而,是何种类型的地层界面产生了地震剖面上盆地中心区域的海相不整合面及可对比整合面却是很难确定的。而且,在某些情况下,例如"下超面"或顶超不整合时,地震剖面上的不整合(反射轴视削截)是真正的不整合,还是由于地震分辨率低(地层合并而不是终止)造成的假象也是很难说的。即使在今天,构成层序边界的地层界面的特定类型的不确定性仍然是存在的主要问题。

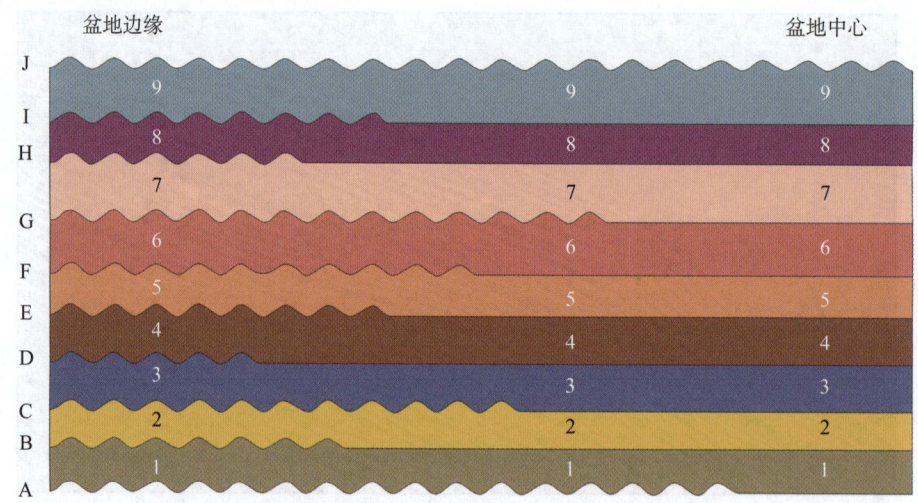

图 2.3　盆地侧翼存在的十个不整合,界定九个沉积层序

用 Mitchum 等(1977)补充的"可对比的整合面"可以确定层序边界,这九个层序能够延伸整个盆地。这就解决了"仅以不整合为界"的层序术语存在的弊病和在盆地中心部位层序无法划分的问题

基准面上升

除了提出了新的层序划分方法和定义之外,Vail 等(1977)还将在全球许多地区地震剖面中识别出的层序边界解释为主要由于海平面变化造成的。这一解释明显与 Sloss(1963)的不同,后者总是强调构造运动是层序边界形成的主要控制因素。如前所述,关于不整合的成因是构造成因还是海平面变化成因的争论,从 20 世纪初开始,一直到现在从未停止过。重要的是,把层序的产生归因于海平面变化,产生了新的层序成因解释模式,即把稳定沉积物供给速率情况下的海平面的正弦曲线

变化与向盆地方向增加的构造沉降速率相结合起来的层序成因模式。这个模式再现了在地震剖面上观察到的诸多地层接触关系，如盆地边缘的削截不整合和盆地中心具有下超特征的凝缩层。正因为如此，Exxon 的科学家们推崇该模式，使其成为随后的层序地层学分水岭性质文章的核心部分（Wilgus 等，1988）。这些文章本身、这些文章所提倡的模式及对模式作出的解释，构成了层序地层学新术语与分析方法的基础，使这些新术语和方法能够在钻井、测井、露头以及地震资料中使用。在下一章中，我将讨论这一具有变革意义的模式是如何把层序地层学从进行低分辨率的地震资料对比提升到高分辨率的钻井、测井和露头剖面地层解释的。我还要讨论 20 多年来 Exxon 层序模式的所有术语和争议，以及新的可选层序模式和分析方法。

3

层序地层学发展史：

近 20 年（1988—2008）

前一章我回顾了用来进行地层对比、编图和沉积演化史解释的地层学分支学科——层序地层学前 200 年的发展史（1788—1988）。到 1988 年之前，层序的定义已经被修改为"以不整合面或可对比整合面为边界的地层单元"（Mitchum 等，1977）。由于该定义主要来自于对地震资料的观察与解释，所以其对于构成层序边界的地层界面的类型，尤其是可对比整合面的类型还存在着相当大程度的概念混乱。但这个问题在 1988 年之后就被真正地解决了。

Exxon 层序地层模式

1988 年，Exxon 研究者发表了一系列文章，首次描述了综合的层序地层模式。这些刊登在 SEPM 专刊第 42 期《海平面升降变化：综合分析方法》（Wilgus 等，1988）中的文章提出了 Exxon 学派的层序地层方法、模式、分类体系和术语。这些文章清晰地表明 Exxon 的科学家是如何从盆地边缘向盆地中心对层序边界进行识别和对比的。Exxon 的工作结合了理论模拟和实际地震记录、测井横剖面和露头的观察。

Mac Jervey（1988）提出了一个关于层序发育的定量化理论模型，在很大程度上发展了 Barrell（1917）和 Wheeler（1958）提出的关于沉积作用与基准面变化之间的相互作用的某些概念。Jervey 的模型运用了是正弦曲线变化的基准面、向盆地方向增加的构造沉降和稳定的沉积物供给这三者作为模型的输入参数，预测了在基准面上升与下降旋回期间（Jervey，1988），三个不同的沉积单元依次发育，构成了一个完整的层序。这三个沉积单元依次为：形成于缓慢基准面上升初期的顶部进积（海退）单元、形成于快速基准面上升期的中部退积（海侵）单元和形成于基准面上升开始变缓慢及随后下降期的上部进积（海退）单元。

沉积层序边界

根据 Jervey 的概念和在区域地震剖面上所观察到的地层几何形态，Exxon 科学家们（Baum 和 Vail，1988；Posamentier 等，1988；Posamentier 和 Vail，1988）提出了陆架—陆坡—深海平原背景下的层序地层理论模式（图3.1）。在该模式中，沉积层序在盆地边缘以陆上不整合面为界，向盆地方向则以与该不整合面可对比的整合面为界。

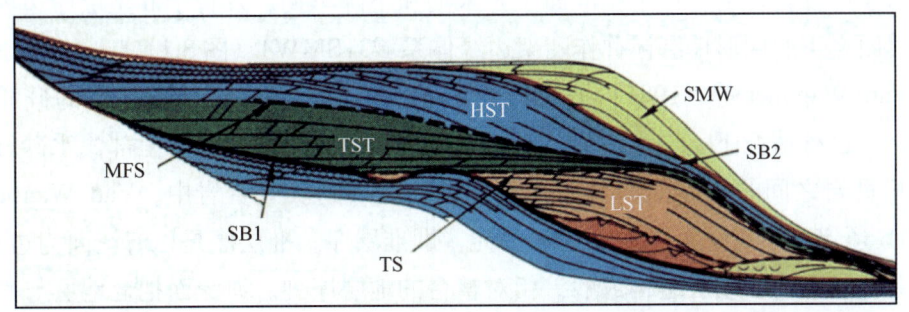

图3.1 Exxon（1988）的沉积层序模式

层序的底边界为Ⅰ型层序边界（SB1），该界面在陆架和上陆坡与陆上不整合面重合，在深海平原则与海底扇的底面重合。层序的顶边界为Ⅱ型层序边界（SB2），在陆架上与陆上不整合面重合，向盆地方向则与相当于基准面开始上升时的时间界面（斜积层）重合。层序内部发育的海侵面（TS）和最大海泛面（mfs）把层序细分为三个体系域：低位（LST）、海侵（TST）和高位（HST）体系域。直接上覆在Ⅱ型层序边界之上的体系域则称为陆架边缘体系域（SMW）（修改自 Baum 和 Vail，1988）

Exxon 层序模式包含了最初由 Vail 和 Todd（1981）所定义的两种类型的沉积层序边界。Ⅰ型层序边界包含一个跨越盆地边缘、陆架和上斜坡的大规模的陆上不整合面，向盆地方向该边界被称作可对比整合面（Baum 和 Vail，1988），该面在陆坡下部上超，在深海平原沿着浊积相底部延伸（图3.1）。

Ⅱ型层序边界包含的陆上不整合面规模较小，并没有延伸到陆架边缘，被限制在陆架近源部位，经常发育在非海相地层内部（Posamentier 和 Vail，1988）。Ⅱ型层序边界的可对比整合面向盆地方向沿着相当于初始基准面上升（海平面下降速率最大）时的时间地层界面延伸（Baum 和 Vail，1988；Van Wagoner 等，1988；Posamentier 等，1988）。

体系域

沉积层序可以进一步三分为体系域，类似于 Jervey（1988）的在正弦曲线变化的基准面上升—下降旋回期间所发育的一个完整层序的三个地层单元。下部地层单元被称为低位体系域（LST），由底部的浊积单元和上覆的向上陆坡上超的前积楔构成。低位体系域底部以层序边界为界，顶部以海侵面为界（图3.1）。正如 Exxon 的学者们所定义的，该海侵面标志着从下部的进积沉积作用向上部的退积沉积作用的转变。低位体系域被解释为主要发育于基准面下降期和基准面上升早期。

中部单元被称为海侵体系域（TST），由越过低位体系域（LST）并向陆架上的陆上不整合面上超的退积沉积物组成。海侵体系域（TST）底部以海侵面为界，顶界为最大海泛面。最大海泛面被定义为标志着由下部的退积沉积作用向上部的进积沉积作用转变的层序地层界面。海侵体系域形成于基准面快速上升时期。

上部体系域被称为高位体系域（HST），由进积沉积物组成，其顶界为陆上不整合面（在盆地边缘为层序边界，向盆地方向为可对比界面）（图 3.1）。高位体系域（HST）被认为是发育于基准面上升末期和下降早期。发育于 II 型层序边界之上和海侵面之下的楔形地层被称作陆架边缘体系域（SMW）（图 3.1）。

Van Wagoner 等（1988）把同样的术语应用到沉积在缓坡背景下的硅质沉积物中。在这种情况下，层序边界从不整合面的盆地方向端点沿着上部浅水砂岩与下部海相页岩之间的相界面向盆地中心延伸，进入到滨外页岩中。Van Wagoner 等（1988）还定义了次一级的层序地层单元，即准层序。准层序是以海泛面为边界的、成因上有联系的层或层组构成的、相对整合的地层序列。海泛面把老地层与其上的新地层分开，越过该面水体突然加深。

毋庸置疑，Exxon 科学家们的层序地层研究具有重要意义，对沉积地质学具有重大贡献，这是因为它把沉积学从仅着重研究相模式的静态学科变为在基准面变化的框架内分析相发育特征的动态学科。他们的研究提供了全面的层序地层分级体系，同时还阐明了基准面变化与层序地层界面及所限定的地层单元之间的联系。因此 Exxon 层序地层模式被工业界与沉积地质学界狂热推崇并不奇怪。

Exxon 层序地层模式（1988，以下简称 Exxon 模式）以及随之形成的工作方法和分级体系是理论推断与经验观察的综合产物。他们在研究中使用的大多数地层界面是物理界面，即根据物理标志来确定的。然而，Exxon 模式也包括了相当于基准面开始上升时的抽象时间界面。由此抽象时间界面引发的相关问题，以及该模式的一些其他矛盾之处将在下一章中进行探讨。

成因地层层序

继 Exxon 的学者之后，对层序地层分类做出贡献的研究者是 Galloway（1989），他提出了以最大海泛面（下超面）为界的层序，即成因地层层序。最大海泛面是 Exxon 模式中海侵体系域（TST）顶部的具有明显特征的地层界面。尽管因其最大海泛面（MFS）在远源部位经常发育由于沉积物的欠补偿所产生的不整合而符合 Mitchum 等（1977）的通用层序定义，Galloway 的成因层序还是与 Exxon 模式的沉积层序完全不同的地层单元。最大海泛面（MFS）整合的近源部位是很好的层序边界的可对比整合面。Galloway（1989）将以 MFS 为边界的层序命名为成因地层层序（GSS）。

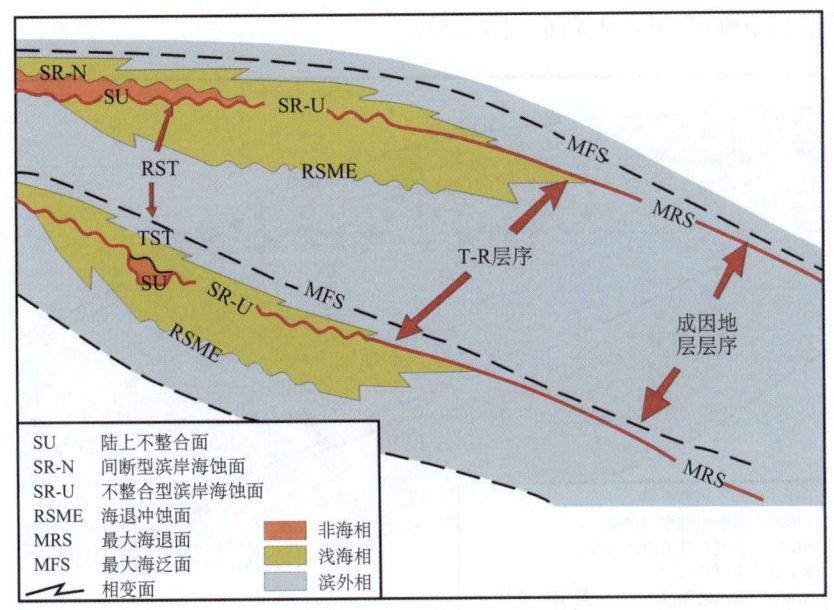

图3.2 Galloway（1989）的成因层序（GSS）（以海泛面为界）和 Embry（1993）的
T-R 层序（以 SU/SR-U/MRS 为界）横剖面示意图

这两种层序类型完全是以经验观察为基础，与 1988 年 Exxon 的理论推理得到的沉积层序模式相对照。
Embry（1993）根据内部的海泛面（MFS）把 T-R 层序细分为海侵体系域（TST）和海退体系（RST）。
对成因地层层序也可以如此划分

Exxon 的沉积层序是部分地建立在 Jervey（1988）的理论推理模式上的，而与此相反，Galloway 的成因地层层序则完全是根据他本人在墨西哥湾新近系与古近系所做的大量实际工作创建的，他发现最大海泛面（MFS）常常是海相地层中最易识别的层序地层界面。

Exxon 层序地层模式的修改

Hunt 和 Tucker（1992）最早对 Exxon（1988）的层序地层模式进行了修改，主要集中在对 I 型沉积层序边界位置的确定上。Exxon 模式在盆地边缘把基准面下降期沉积的地层置于不整合的层序边界之下，而在向盆地方向则把这套地层置于层序边界之上。Hunt 和 Tucker（1992）正确地指出，在盆地内沉积层序边界应该置于基准面下降期形成的地层（即海底扇浊积岩）的顶部而不是其底部，如此才能确保层序边界从盆地边缘向盆地中心方向唯一且连续贯穿。值得注意的是，在 Jervey（1988）的层序发育模式中，也把浊积相置于层序边界之下，而不是之上。在修改过的 Exxon 模式中，Hunt 和 Tucker（1992）认为层序边界向盆地中心方向应该沿着代表初始基准面上升的时间界面，即可对比整合面（CC）进行延伸（图3.3）。

Hunt 和 Tucker（1992）还在层序的最上部增加了第四个体系域，并称之为强制海退体系域（FRST）。强制海退体系域顶界为层序边界（在盆缘位陆上不整合面 SU，在盆地中为可对比整合面 CC），底界为新定义的强制海退面（BSFR），即相当于初始基准面下降时的时间界面（图3.3）。

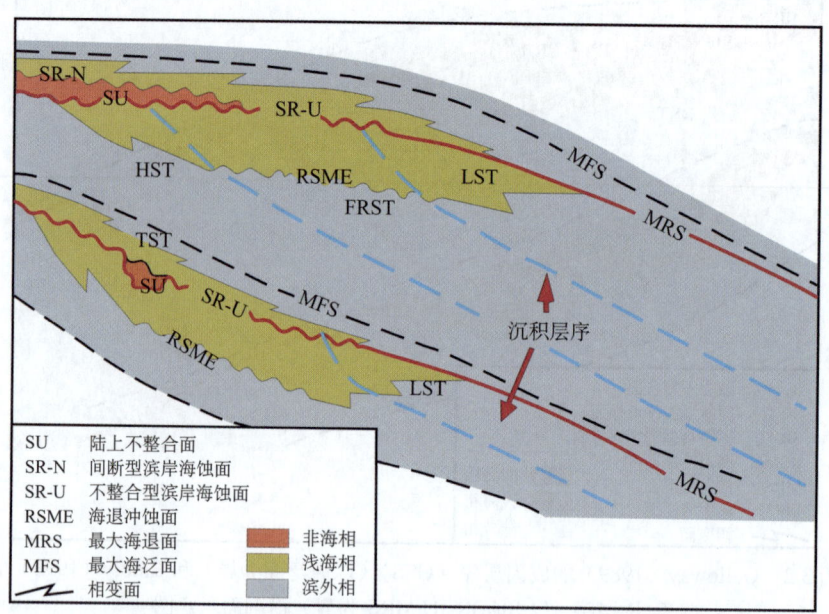

图3.3　Hunt和Tucker（1992）的沉积层序及其体系域构成

Hunt和Tucker建议使用两个时间界面，即初始基准面下降时的强制海退面（BSFR）和初始基准面上升时的可对比整合面（CC）来划分层序和体系域边界。沉积层序边界是由盆地边缘的陆上不整合面和盆地中心方向的可对比整合时间界面复合而成的。请注意，Hunt和Tucker（1992）所定义的强制海退体系域（FRST）顶底都是以时间界面为边界的，代表所有基准面下降期沉积的地层。另外的体系域为低位体系域（LST）、海侵体系域（TS）和高位体系域。

根据这一定义，强制海退体系域（FRST）包括基准面下降期沉积的所有地层。而Hunt和Tucker（1992）的低位体系域（LST）仅限于以可对比整合面（CC）为底界海侵面为顶界的地层，代表在Jervey模式中缓慢基准面上升初期沉积的进积地层单元（图3.3）。因此，Hunt和Tucker（1992）的低位体系域仅相当于Exxon的Ⅰ型层序的低位体系域的一部分，但完全相当于Exxon的Ⅱ型层序的陆架边缘体系域（SMW）。

Nummedal等（1993）把问题变得更为复杂化，把沉积在整个基准面下降期的所有地层统称为下降期体系域（FSST）。Helland-Hansen和Gjelberg（1994）对Hunt和Tucker（1992）提出的四分体系域层序模式作了进一步解释和图示说明，充分地表明了这种分类体系在理论上是合理的。

T-R层序

1993年，由于不能客观地把Exxon层序地层方法和分类体系应用到加拿大北极圈（Arctic Canada）斯沃德鲁普盆地（Sverdrup）出露很好的9000m厚的中生界中，我提出了一种新的能够满足层序边界基本定义的界面组合（Embry，1993；Embry和Johannessen，1993）。

继 Wheeler（1958）和 Exxon（Posamentier 等，1988）的工作之后，发育于盆地边缘的陆上不整合面（SU）常被用来作为层序边界，但要强调的是在很多情况下，陆上不整合面部分或完全地被滨岸海蚀面（SR-U）所代替，滨岸海蚀面代表了 Exxon 工作者提出的海侵面向陆地方向的延伸。这种层序边界从盆缘不整合面（陆上不整合 SU 与不整合型滨岸海蚀面 SR-U）沿着最大海退面（MRS）向盆地中心延伸，而最大海退面代表着海侵面的整合部分（图3.2）。

由于最大海退面向陆地方向与滨岸海蚀面相连接，因而这一边界在理论上是合理的。因此，陆上不整合面（SU）、不整合型滨岸海蚀面（SR-U）和最大海退面（MRS）就可以组合成一个能够客观识别的从盆地边缘一直延伸到盆地中心的完整的层序边界。由于这个层序边界能够把海退期间形成的地层与其上的海侵地层分开，因而这个新定义的层序边界所限定的地层单元被称为 T-R 层序。

T-R 层序可以划分为两个体系域，即以层序边界为底界及以最大海泛面（MFS）为顶界的海侵体系域（TST）和以最大海泛面（MFS）为底界及以层序边界为顶界的海退体系域（RST）（图3.2）。要注意的是，与 Galloway（1989）的成因层序（GSS）一样，T-R 层序完全是建立在对地下地层和广泛发育的露头剖面观察基础之上的经验模式。

另一个沉积层序边界

Posamentier 和 Allen（1999）提出了另一个沉积层序边界的定义，他们建议仅使用部分的陆上不整合面作为层序边界，然后沿着代表基准面开始下降的时间界面将其向盆地延伸，即 Hunt 和 Tucker（1992）所定义的强制海退面（BSFR）（Posamentier 和 Allen，1999）（图3.4）。

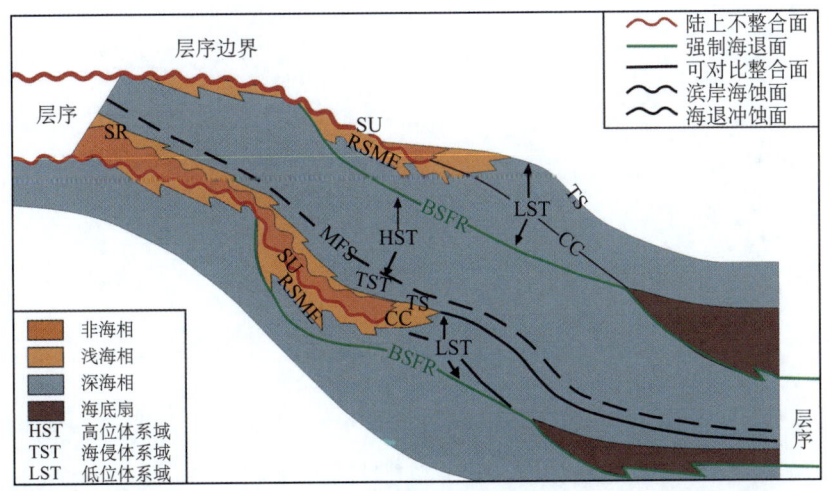

图3.4 Posamentier 和 Allen（1999）的沉积层序边界，包括部分的陆上不整合面（SU）和沿强制海退面（初始基准面下降的时间界面，BFSR）向盆地方向的延伸部分。注意有相当部分的陆上不整合面位于层序内部。层序被细分为与 Exxon（1988）I 型层序模式相同的三个体系域。

正如 Posamentier 和 Allen（1999）的图中所示，陆上不整合面（SU）和强制海退面（BSFR）的交点出现在比陆上不整合面（SU）盆地方向端点更靠近陆地一侧（图3.4）。他们将这样的层序划分为三个体系域，即低位、海侵和高位体系域，其定义实质上与 Exxon 的 I 型层序体系域定义一样（Posamentier 和 Vail，1988）。Posamentier 和 Allen（1999）还建议废弃 II 型层序（边界）的概念。

小结

总之，在过去的20来年中，研究者提出了不同的关于层序边界划分和体系域划分的模式。由于不同研究者在研究中运用不同的层序模式和术语，所以导致很大的混乱和误解。在一些情况下，相同的术语用于不同的实体，如 Posamentier 和 Allen（1999）的低位体系域（LST）概念与 Hunt 和 Tucker（1992）的就不同；而在另外一些情况下，不同的术语用于描述相同的实体，如 Hunt 和 Tucker（1992）的 FRST（强制海退体系域）和 Nummedal 等（1993）的 FSST（基准面下降期体系域）就不同，但都被用于基准面下降期间沉积的地层。层序地层术语运用的这种混乱状态不利于研究工作的有效交流。更重要的是，该应用没有对所提出的各种层序模式和分类体系方案进行全面比较，以确定其优缺点。而本章的回顾将有助于研究者在工作中选择恰当的层序地层分类体系。

在本书的后续章节中，我将从下至上来建立层序地层工作方法和分类体系，评价各种分类体系在解决石油地质实际问题时实用性。在紧接着的几章中，我们将分析所定义的层序地层界面，并评估它们在地层对比和界定层序地层单元方面的应用。

层序地层学物理界面（Ⅰ）：

陆上不整合面和海退冲刷面

引言

层序地层学的基本构建模块是各种层序地层界面，定义它们的目的是为了进行对比和界定相关层序单元。正如在本书第一章中所论及的那样，层序地层界面代表着地层沉积趋势的变化，这就有别于其他地层学科，是以可观察到的地层性质的改变来定义地层界面。

在具体描述各类层序地层界面之前，有必要先概括地了解一下层序地层界面。首先，目前广泛使用的层序地层界面可以归为明显不同的两类：基于物理的界面（以下简称为物理界面）和基于时间的界面（以下简称时间界面）。

物理界面是指根据地层可观察到的物理属性定义的界面，这些属性包括：（1）界面本身和界面上下地层的物理属性；（2）界面上下地层的几何接触关系。

而时间界面在层序地层学中是根据诠释出来的、与特定地点相联系的事件定义的，与这些事件或者与岸线迁移方向的改变（如向陆迁移变为向海迁移）有关，或者与基准面变化方向的改变（如基准面下降向基准面上升的转换）有关。

地层界面也可以通过它与跨越其上下的时间间断之间的关系来描述。跨越大的、显著的时间间断（如削截、上超所指示的地层缺失面）的地层界面称为不整合面；由冲刷和突变接触所指示的较小规模的时间间断的界面称为沉积间断面；而其上下没有时间缺失的界面则为整合面。显而易见，同一个地层界面的不同部分可能反映出截然不同的地层时间关系（例如，其中一部分是整合的，另一部分是不整合的，其他部分则为沉积间断）。最后，地层界面还要根据其与跨越部分或全部界面的时间关系，即地层界面与时间界面之间的关系来解释。如果一个界面是整合的，同时在其分布范围内具有等时性，那么这个界面是个时间界面。但是，任何一个整合的物理界面都不可能是一个时间界面，这是因为物理界面的产生总是在某种程度上依赖于沉积速率，而沉积速率随时间、空间发生变化，导致所有整合的物理界面都是在一个时间段内产生的，从而总是会表现出一定程度的穿时性（如时间界面穿过物理界面）。

地层界面如果跨越很长的时间段，以至于被时间界面以高角度穿越，那么该界面就是高度穿时界面；而那些跨越相对较短的时间段，被时间线以低角度穿越的地层界面，则被称为低穿时界面。在某些情况下，时间界面并未穿越地层界面而是终止于其上（例如削截、上超）（图 4.1），该地层界面要么是一个不整合面，要么是一个沉积间断面，称为时间分割面。当一个地层界面是时间分割面时，位于其下的地层比位于其上的地层更老。

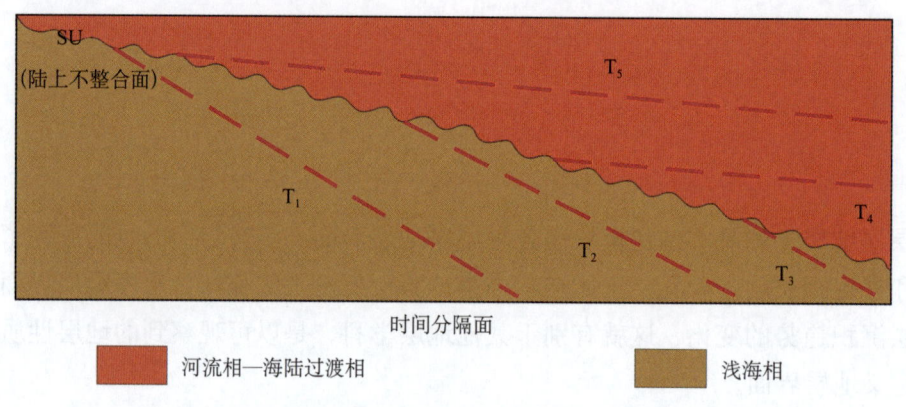

图 4.1　时间界面终止于作为时间分割面的不整合面上。不整合面以下的时间界面被削截，而其上的时间界面则上超于不整合面。不整合面以下的地层老于其上覆地层

必须注意到的是，有些不整合面或沉积间断面是穿时的，时间界面穿越而不是终止于其上。再者，同一地层界面在其分布范围内可以表现出不同的时间关系（例如在某一段是高穿时的沉积间断面，而在另一段则可能是时间分割面）。

在层序地层学领域内常用作对比或作为层序单元边界的六类物理界面（Embry，1995，2001）为：

（1）陆上不整合面；

（2）海退冲刷面；

（3）滨岸海蚀面；

（4）最大海退面；

（5）最大海泛面；

（6）陆坡上超面。

重要的是，上述每一个物理界面都可以综合运用与其他地层界面不同的可观察的属性来刻画，这些属性提供了界面判别的客观标准。本章将着重探讨前两类物理界面的成因、与时间的关系以及它们在地层对比和界定层序地层单元方面的有效程度。而其余四类物理界面将和时间界面一起，在后续章节中讨论。

陆上不整合面（SU）

陆上不整合面是重要的层序地层界面，是最早根据经验定义的层序界面（Sloss 等，1949），早在 200 多年前就被研究者所注意，最著名的莫过于由 James Hutton 所发现的位于苏格兰 Siccar Point 的志留系与泥盆系陆上不整合面。定义陆上不整合面的依据是被陆相—过渡相地层覆盖的剥蚀面或风化带（例如古土壤、喀斯特等），同时地层记录中有证据表明其代表重要的间断面（图 4.2）。在不整合面之下可以是任何类型的地层。Shanmugan（1988）曾详细说明了陆上不整合面的物理特征。

值得强调的是，覆盖在陆上不整合面之上的地层一定要是陆相至过渡相地层。如果一个早期暴露并剥蚀的地层上覆盖着海相地层，那么这个暴露剥蚀面就不是陆上不整合面。几乎可以确信，陆上不整合面曾经覆盖遭受剥蚀的地层，但由于后期海水冲蚀作用，该不整合面不复存在。尽管其他性质的界面可能会侵蚀并取代该陆上不整合面而成为地层序列中规模较大的地层间断面，但是最常见的情况是，这个保留下来的不整合的界面是一个滨岸海蚀面。

图 4.2　阿克塞尔－海伯格（Axel Heiberg）岛中东部下白垩统露头图
图中标明的 SU 是一个河道底部突变冲刷面，其对下伏地层削截，其上被河流相地层上超。该冲刷面具备陆上不整合面的所有特征。区域对比表明该界面对下伏地层明显削截，也证明了界面的陆上不整合性质

存在显著的地层间断是识别陆上不整合面的关键，因为明显的地层间断决定了该界面的不整合属性。这也是陆上不整合面区别于陆上沉积间断面的关键。沉积间断面是河道底部的冲刷面，在地层记录中很常见，形成于河道在泛滥平原上的迁移作用，具有非常明显的穿时性，代表着在任何地点均可出现的非常短暂的时间间断。

要确定陆上不整合面的确存在显著的时间间断，通常需要确认该不整合面之下存在地层削截。如果在该不整合面之上存在非海相地层上超现象，那么该陆上

不整合面就确定无疑了。这些地层接触关系在结合钻井沉积相解释后的地震剖面上很容易识别出来（Vail 等，1977），尽管有时由于人为修改地震参数会造成假象。(Cartwright 等，1993；Schlager，2005；Janson 等，2007)。

我们也可以依据钻井剖面和露头资料来确定陆上不整合面的地层几何关系（削截，上超）（图 4.3）。来自其他地层学领域，特别是生物地层学的资料，对证实陆上不整合面是否存在明显时间间断十分有用。

Barrell（1917）和 Wheeler（1958）认为陆上不整合面的成因与基准面变化有关。基准面是剥蚀作用和沉积作用相均衡的一个虚拟分界面。当基准面高于地表时可能发生潜在的沉积作用，而当基准面位于地表之下则产生剥蚀作用。陆上不整合面形成于基准面下降期陆上剥蚀，特别是与河流和（或）化学侵蚀有关的剥蚀作用（Jervey，1988）。当基准面降低至地表之下时，陆上剥蚀作用会不断地下切，以使地表趋近于基准面。

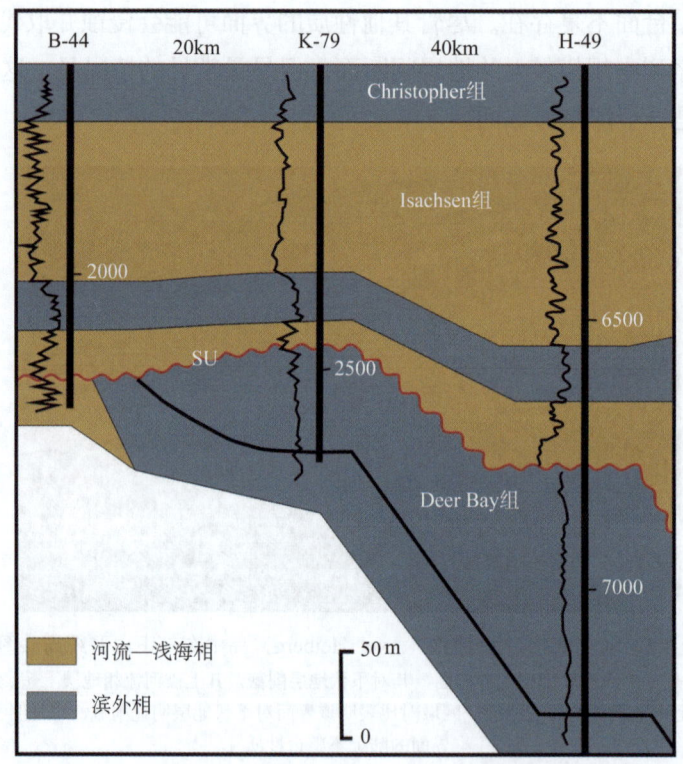

图 4.3　连井剖面界定的陆上不整合面
不整合面对下伏 Deer Bay 组削截，其上覆为河流相地层

Wheeler（1958）和 Jervey（1988）也指出，在整个基准面下降期间，陆上不整合面不断地向盆地方向推进，并在基准面下降结束时到达其最靠近盆地中心的位置，之后伴随着基准面上升，陆上不整合面逐渐向陆地方向后退，并被陆相或过渡相沉积物所超覆。

至于其与时间界面的关系,陆上不整合面通常是近似的时间分割面,时间界面通常不会穿越该不整合面。也就是说,该不整合面之下几乎所有的地层在时间上都要早于其上的地层。

当然也有例外,其原因与迁移性抬升有关(Winker,2002)。另外,部分河流相地层,尤其是位于下切谷充填底部的地层,可能是在基准面下降时期(Suter等,1987;Galloway 和 Sylvia,2002;Blum 和 Aslan,2006)沉积的,因此其年代要早于在下倾方向该不整合面之下的地层(图4.4)。在这种情况下,实际的陆上不整合面很可能会上覆于基准面下降期间沉积的河流相地层的顶部。然而,如此的不整合面在河流相地层序列中一般极难识别,所以就将河流相地层底部的冲刷面认为是陆上不整合面,除非有更有力的相反证据(Suter等,1987)。

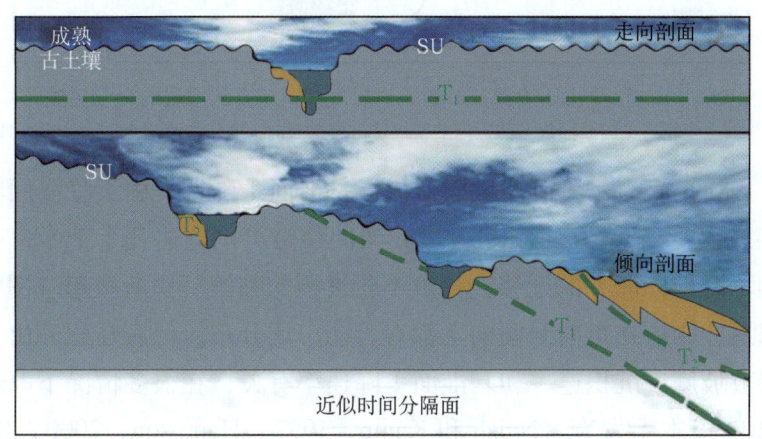

图4.4 陆上不整合面(SU)通常是一个近似的时间分割面,因为在基准面下降期间沉积的河流相地层可以在下切河谷中保存(沉积于 T_2 时间),并与陆上不整合面之下的在下倾方向沉积的三角洲地层是等时的。在这种情况下,陆上不整合面之上的部分地层比其下的地层还要老,因而不是理想的时间分割面

由于陆上不整合面具有时间分割性,因而成为地层对比和界定成因地层单元的重要界面。陆上不整合面还有其他名称,如低位不整合面(lowstand unconformity)(Schlager,1992)、河流冲刷退覆面(regressive surface of fluvial erosion)(Plint 和 Nummedal,2000)及河流下切面(fluvial entrenchment/incision)(Galloway 和 Sylvia,2002),但是由于"陆上不整合面"这一称谓已经被广泛接受,建议继续沿用。

海退冲刷面(RSME)

Plint(1988)在研究阿尔伯达白垩系时,首次识别并命名海退冲刷面。海退冲刷的特征为:明显的冲刷面,其下发育向上变粗的滨外(通常为中至外陆架)海相地层,其上发育向上变粗、变浅的临滨地层(图4.5)。海退冲刷面之下的陆架地层被不同程度地削截,其上的临滨地层向其下超,在海退冲刷面上有时见舌形菌迹遗迹化石组合（Glossifungites trace fossil assemblage）（MacEachern 等，1992）。海退冲刷面出现在总体海退序列中，可以解释为从沉积作用到无沉积作用再到沉积作用的沉积趋势变化。

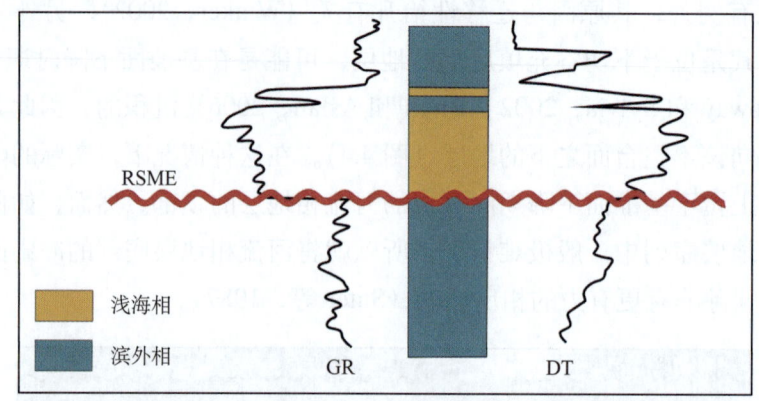

图 4.5 海退冲刷面（RSME）置于砂岩底部（与下伏地层的突变接触面）
其下为向上变粗（见声波曲线）的近海陆架地层，其上为向上变粗的临滨地层（Plint，1988）

Plint（1988）认为，海退冲刷面形成于基准面下降期，由于临滨面较陡，临滨前的内陆架地层受到冲蚀（erode）。内陆架冲蚀带可以宽达几十千米，在整个基准面下降期间不断地向海方向迁移，并被不断进积的临滨沉积所覆盖（图 4.6）。正因为如此，海退冲刷面在走向和倾向上都有可能广泛分布。但应注意，由于其发育程度与海底斜坡坡度、沉积速率和基准面下降速率有关，在很多情况下海退冲刷面成片状分布或者根本不发育（Naish 和 Kamp，1997；Hampson，2000；Bhattacharya 和 Willis，2001）。

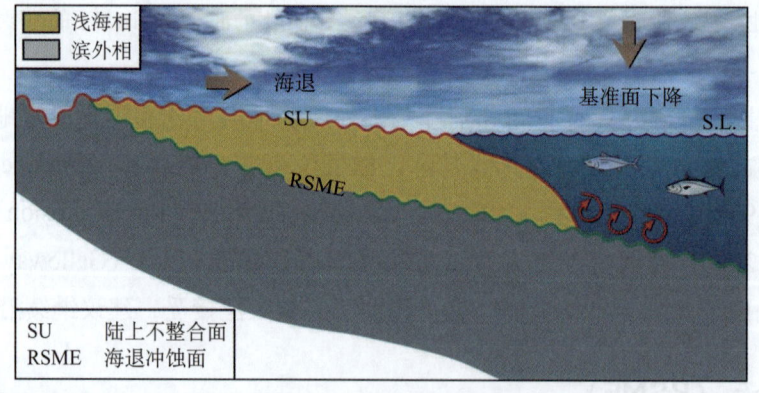

图 4.6 海退冲刷面（RSME）为基准面下降期间临滨前的内陆架冲刷带，在整个基准面下降期该带不断地往盆地方向迁移，并被临滨地层下超，临滨地层之上是又一个陆上不整合面

在大多数情况下，海退冲刷面之下的侵蚀面规模较小且分布局限，因此几乎总是一个沉积间断面，而非不整合面（Galloway 和 Sylvia，2002）。在某些情况下，当资料控制点较密集时，可以在海退冲刷面之下见到局部削截现象。但显著的

冲蚀作用（erosion）的确存在，在一些实例中，海退冲刷面由于冲蚀先期存在的陆上不整合面而表现出不整合面性质。（Bradshaw 和 Nelson，2004；Cantalamessa 和 Celma，2004）。

海退冲刷面在基准面下降期间不断地向盆地方向迁移，因而它是一个高度穿时面，时间线以高角度穿越该界面（Embry，2002）（图4.7）。在这一点上海退冲刷面与陆上不整合面不同，它不是一个近似的时间分割面，除非海退冲刷面侵蚀了一个先期存在的陆上不整合面，在这种情况下，它具有近似的时间分割面性质（Cantalamessa 和 Celma，2004）。因为在绝大多数情况下，海退冲刷面都是一个高度穿时的、分布局限的沉积间断面，所以不适于作为层序地层单元界面或者用于地层对比。尽管如此，识别出海退冲刷面（如果存在的话）还是相当重要的，因为它在层序地层对比框架内有助于沉积相分析。Galloway 和 Sylvia（2002）将该面称为海退冲刷作用面（regressive ravinement surface）。鉴于海退冲刷面已经被广泛接受，故推荐继续沿用这一术语。

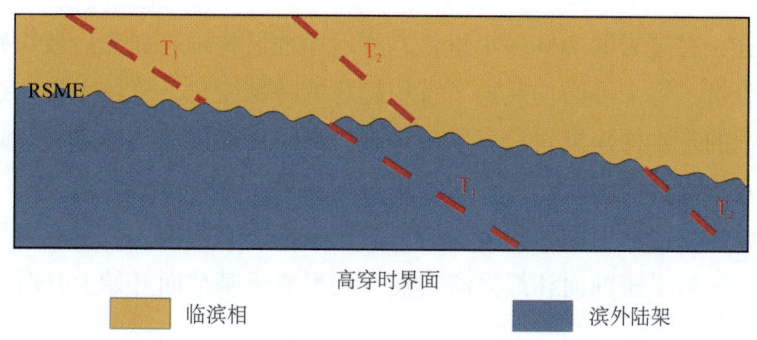

图4.7 海退冲刷面（RSME）是一个高度穿时的界面，时间线以高角度穿越该界面。海退冲刷面上下时间线是错开的，其上的临滨地层与其下的近海陆架地层等时。海退冲刷面不是时间分割面

5

层序地层学物理界面（II）：

滨岸海蚀面和最大海退面

引言

如前所述，在过去的200多年里，六类层序地层物理界面先后被识别出来，根据实际资料分析，每个界面均反映了沉积趋势的特殊变化。总体来说，这些界面都是层序地层学的基本构建模块，可以用来进行高精度地层对比，定义和划分层序地层单元，以及解读基准面变化过程中地层沉积历史。上一章中讨论了两类界面——陆上不整合面和海退冲刷面，二者主要形成于基准面下降期。而本章将要讨论的另外两类界面——滨岸海蚀面和最大海退面，则形成于基准面开始上升时和整个上升期。

上述两类界面在层序地层分析中都具有很重要的作用。作为物理界面，可以通过物理性质加以识别，包括界面本身的性质、界面上下地层的性质，以及界面与上下地层中界面之间的几何关系。在进行定义和描述这两类界面时不需要考虑它们与基准面变化或滨线方向变化之间的关系。但是在对它们的成因进行解释时需要分析沉积作用与基准面变化之间的关系。

滨岸海蚀面（SR）

滨岸海蚀面的概念可以追踪到很久以前。Stamp（1921）、Bruun（1962）和Swift（1975）都曾对滨岸海蚀面进行过详细地描述，并建立了成因解释模型。滨岸海蚀面的识别特征包括突变冲刷接触面、上覆粒度向上变细、水体变深的河口湾或海相地层。该界面下伏地层可以是非海相地层，也可以是海相地层。因为它是一个冲蚀面，所以代表了从沉积作用到无沉积作用的趋势变化，下面将要详细讨论到，这个界面可以是小的沉积间断面，也可以是显著的不整合面。

早期研究者通过对现代海侵滨岸（向陆迁移）研究对滨岸海蚀面的成因作出了解释。由于海岸平原的坡度通常小于临滨的坡度，在海侵作用滨岸向陆地迁移的过程中，海水的冲刷作用会重新刻蚀出一个新的临滨面。当波浪或潮汐作用冲蚀先前沉积的临滨、海滩、过渡相和非海相地层时，就会形成一个或多个侵蚀界面，同时冲蚀掉的沉积物会在滨岸向陆或者向海方向重新堆积下来（图5.1）。当波浪和潮汐同时作用时，可以形成潮成滨岸海蚀面和浪成滨岸海蚀面（Dalrymple等，1994；Zaitlin等，1994），尽管在大多数情况下只有浪成滨岸海蚀面能够保存下来。

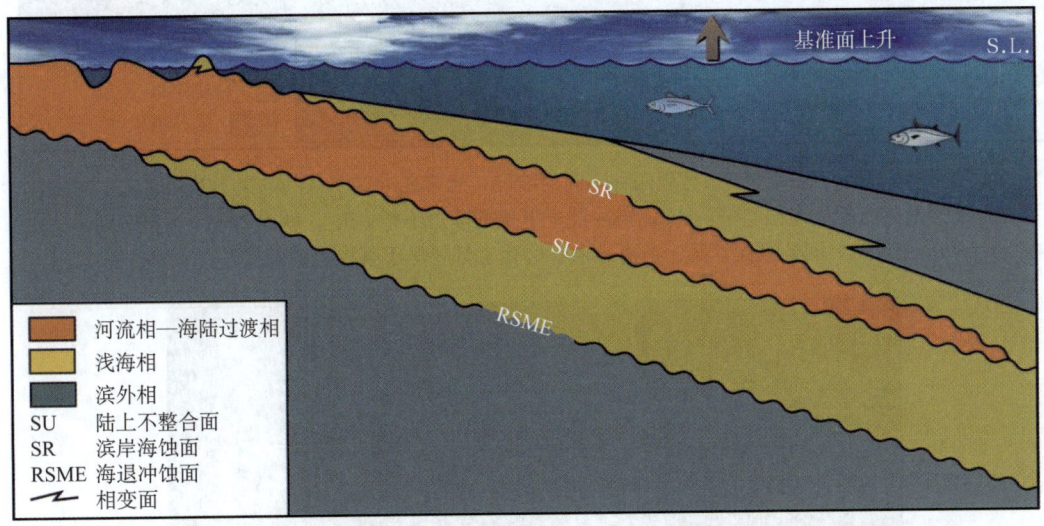

图5.1　海侵过程中临滨冲蚀所形成的滨岸海蚀面（SR），在整个海侵过程中不断地向陆地方向迁移，分布范围广。本例中滨岸海蚀面仅部分地下切与其同时沉积的非海相/过渡相地层，在这种情况下，它是一个高度穿时的沉积间断面

当滨岸基准面上升速率超过沉积速率时发生海侵，而滨岸海蚀面在海侵一开始就形成。在低至中等沉积速率的滨岸附近，这种情况通常从基准面开始上升时就会发生（Embry，2002）。在整个基准面上升期间，海侵过程随时会中止，这取决于沉积物供给速率与基准面上升速率二者之间的关系。一旦海侵过程停止，那么滨岸海蚀面也就停止发育。由于滨岸海蚀面是在整个海侵过程中发育的，所以是穿时的（Nummedal等，1993）。然而，在其展布范围内，滨岸海蚀面可以表现为沉积间断面，也可以表现为不整合面，从而与时间的关系有两种情况（图5.2）。在滨岸海蚀面上识别出哪部分是不整合面（不整合型滨岸海蚀面SR-U）以及哪部分是沉积间断面（间断型滨岸海蚀面SR-D）是相当重要的。

滨岸海蚀面的沉积间断部分（SR-D）除了具备上面提到的沉积不连续特征外，其下还要发育准同生的非海相地层以及保留有先期的陆上不整合（图5.1、图5.2、图5.3、图5.4）。间断型滨岸海蚀面上的任何地点都只具有小规模的时间间隔，总体上被时间线以高角度穿越，并且时间线或多或少都有错开现象（图5.5）。

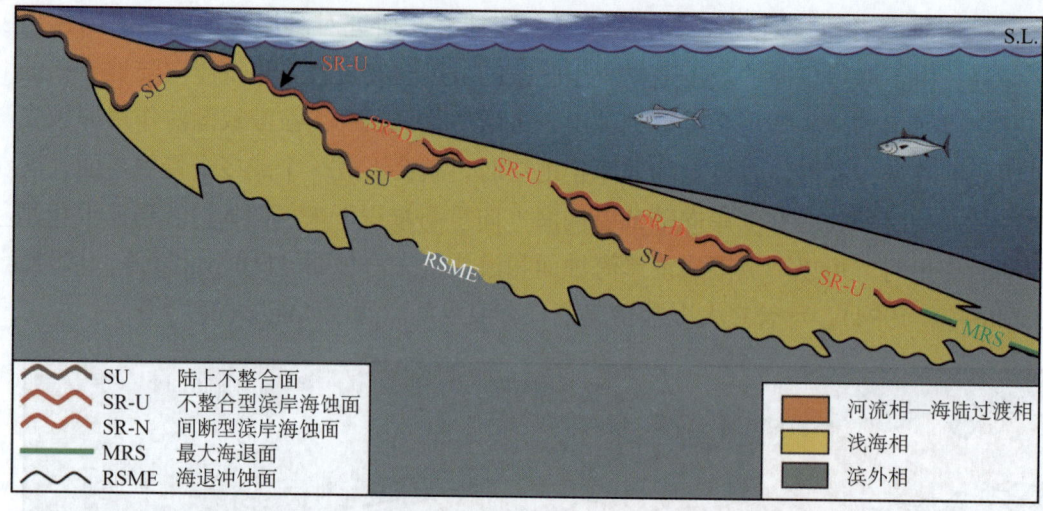

图 5.2　滨岸海蚀面与时间的关系呈现两种不同的情况：当未能冲蚀下伏的陆上不整合时，滨岸海蚀面是高度穿时的沉积间断面（SR-D）；当冲蚀了下伏的陆上不整合时，就成为一个不整合面，为时间分割面，其下所有地层在时代上都要早于其以上的地层

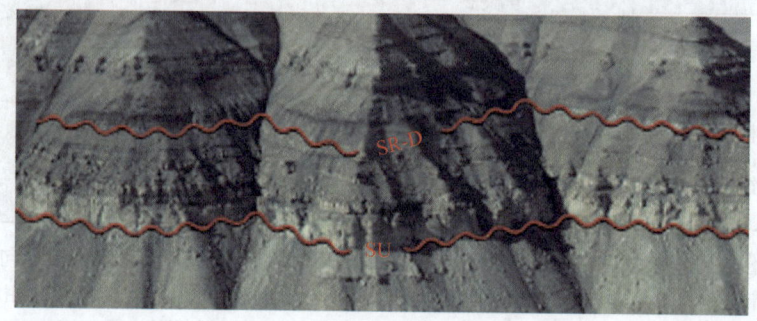

图 5.3　阿克塞尔－海伯格（Axel Heiberg）岛东部下白垩统露头中，陆上不整合面（SU）位于白色的风化河流相砂岩之下。而间断型滨岸海蚀面（SR-D）位于一套薄层海相砂岩的底部，与下伏地层突变接触，海相薄砂岩向上渐变为来源于陆架中部的海相页岩和粉砂岩。介于陆上不整合面（SU）和间断型滨岸海蚀面（SR-D）之间的地层为河流成因。本例中的滨岸海蚀面具有间断面性质，是高度穿时的

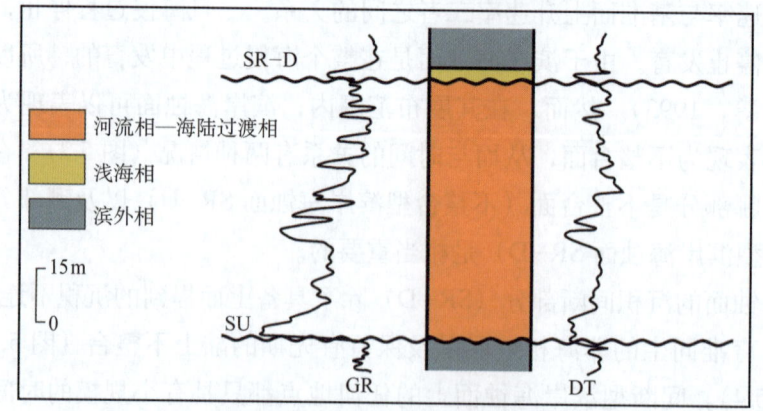

图 5.4　某段下白垩统伽马、声波测井曲线
滨岸海蚀面之上为海相地层，其下为非海相地层，形成于前一个基准面下降期的陆上不整合面被保存下来。该滨岸海蚀面具有高穿时性（SR-D）

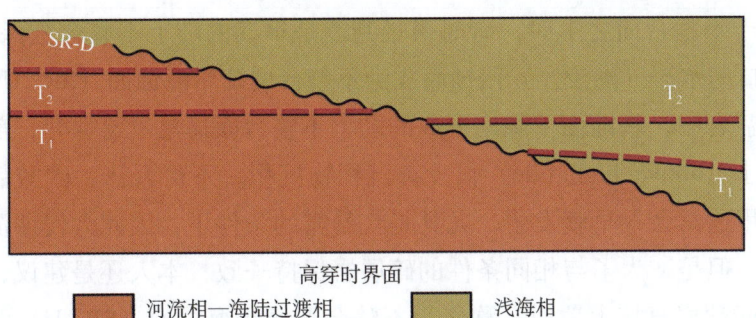

高穿时界面

河流相—海陆过渡相　　浅海相

图 5.5　图示说明上覆于准同期河流相－过渡相地层之上的间断性滨岸海蚀面发育的时间。时间界面不但切割滨岸海蚀面，同时在其上下错开。因此，滨岸海蚀面是高度穿时的

相反，如果部分滨岸海蚀面在其不断地向陆迁移的过程中，不仅冲蚀掉了临滨后方的准同生非海相地层，而且还侵蚀了前一个基准面下降及海退过程中形成的陆上不整合面（图 5.2），那么这个滨岸海蚀面就是一个不整合面，而不是一个沉积间断面。由于冲蚀掉了早期的陆上不整合面，所以该滨岸海蚀面在时间上继承了陆上不整合面的性质，代表地层记录中显著的时间间断，成为一个时间分割面，其下所有地层都要早于其上覆的地层（图 5.6）。

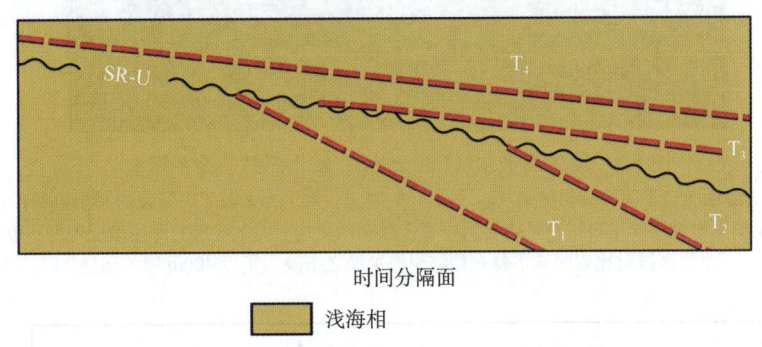

时间分隔面

浅海相

图 5.6　不整合型滨岸海蚀面（SR-U）的时间关系图

完全侵蚀了下伏准同期的河流相—过渡相地层及陆上不整合，其下时间线被削截，其上时间线向其上超。该不整合型滨岸海蚀面之下所有地层在时间上都要早于其上覆地层，故为具有不整合性质的滨岸海蚀面及时间分割面

不整合型滨岸海蚀面（SR-U）具有滨岸海蚀面（SR）的鉴别特征，而且在大多数情况下其下伏为海相地层而不是非海相地层（图 5.7，图 5.8）。然而，识别不整合型滨岸海蚀面最可靠的标志是其对下伏地层区域性削截，其上覆海相地层向其上超（图 5.9）。这种接触关系在地震反射上通常都很清晰（Suter 等，1987），在连井对比剖面和露头上也可以识别出来。要注意的是，在图 5.8 所示的测井图中，如果无法证明其下存在地层削截，那么图示的不整合型滨岸海蚀面是难以识别的。

许多地层记录中重大的不整合面，包括一些 Sloss（1963）用来定义（北美）大陆范围的层序的不整合面，其实都是不整合型滨岸海蚀面，而不是陆上不整合面（如图 5.9 中的诺里克阶底部的大型不整合面）。不整合型滨岸海蚀面与陆上不整合面的差别在于，前者上覆海相地层，而后者上覆河流相/过渡相地层。当河口湾沉

积直接覆盖于不整合面之上时,有时很难判断是早期的陆上不整合被保存下来了,还是已被河口湾水流(潮汐?)侵蚀而成为不整合型滨岸海蚀面(SR-U)。

在碳酸盐岩中,基准面下降期形成的陆上不整合面通常不易保存,部分原因是在高潮线以上(above high tide)很少有沉积物沉积。不可否认,碳酸盐岩地层的成岩胶结作用通常会很早就发生,尤其是在暴露的条件下,因此海侵期滨岸冲蚀作用会非常弱。但是,为了与相同条件的碎屑岩保持一致,本人还是建议,当不整合面被海相碳酸盐岩直接上覆时,称之为不整合型滨岸海蚀面(SR-U)而不是陆上不整合面(SU)。

图5.7　埃尔斯米尔(Ellesmere)岛北部的三叠系露头

不整合型滨岸海蚀面位于薄层海相陆架灰岩(3m)的底部,其下为来源于中陆架的海相粉砂岩。图中所示的不整合型滨岸海蚀面的主要特征是明显的冲刷接触面以及其上向上变深的海相地层序列。值得注意的是,区域对比表明该不整合型滨岸海蚀面之下缺失了近400m厚的地层

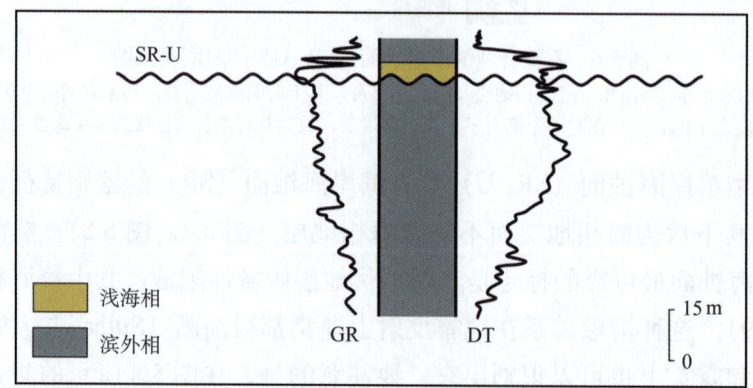

图5.8　梅尔维尔(Melville)岛侏罗系海相地层的一段测井剖面

地震数据和区域对比已证实其中存在着一个显著的不整合面,该不整合面实为不整合型滨岸海蚀面(SR-U),位于向上变细的薄层海相砂岩的底部。确定其为不整合型滨岸海蚀面的主要依据是,突变接触面,其上覆为向上粒度变细、水体变深的海相地层,对下伏海相地层区域性削截

图 5.9　埃尔斯米尔（Ellesmere）岛东北部石炭系和三叠系露头发育两个明显的不整合面
[均为不整合型滨岸海蚀面（SR-U）]

下部不整合面属于诺利克阶，位于倾斜的石炭系之上（地质时间间隔大约为 90Ma），其直接覆盖着向上变细、水体变深的浅海相砂岩，毫无疑问为不整合型滨岸海蚀面而非陆上不整合面。上部不整合面位于瑞替阶（下三叠统）的底部，图右侧可见海相砂岩从右至左上超其上。区域地层对比证实，该不整合型滨岸海蚀面之下的诺里克阶地层存在明显的削截现象

由于不整合型滨岸海蚀面是时间分割面，故在地层对比和界定层序地层单元时非常有用。而间断型滨岸海蚀面由于具高度穿时性，则不适合用于地层对比和界定层序，但是与海退冲刷面相似，可用于在层序地层框架内划分相单元。

滨岸海蚀面还曾经被称为冲刷面（ravinement surface）（Swift，1975），海侵冲刷面（transgressive ravinement surface）（Galloway 和 Sylvia，2002），海侵面（transgressive surface）（Van Wagoner 等，1988），海侵剥蚀面（trasgressive surface of erosion）（Posamentier 和 Allen，1999）和临滨冲刷面（shoreface ravinement）（Embry，2002）。本人倾向于使用"滨岸海蚀面"来命名这种非常特殊的界面，并用潮成或浪成等限制性词对其进行修饰。另外，本人强调用不整合型或间断型来修饰滨岸海蚀面，以体现二者在时间关系上的巨大差异（高度穿时面或时间分割面）（图 5.2）。

最大海退面（MRS）

研究者根据经验观察识别最大海退面的历史已经相当长，与对地层记录中变细/变粗和变深/变浅旋回（海侵—海退旋回或 T-R 旋回）的认识一样长远（至少 150 年）。在海相碎屑岩地层中识别最大海退面的主要依据是，它是一个整合面或沉积间断面，反映沉积趋势从向上变粗转变为向上变细。最大海退面决不是不整合面。在其主要延伸范围内，最大海退面也与由向上变浅向向上变深趋势的转换位置重合，这一识别标志十分重要，特别是在浅水相地层中（图 5.10）。但是在水体较

深、沉降幅度较大的地区，由粒度变化指示的向上变浅至变深的转变位置可能与最大海退面并不重合（Vecsei 和 Duringer，2003）。

图 5.10　埃尔斯米尔（Ellesmere）岛北部的下、中三叠统露头

图中标出的最大海退面（MRS），靠近一套白色的风化临滨砂岩顶部。最大海退面之下地层向上变粗、水体向上变浅；其上地层向上变细、水体向上变深。本图所示露头位置最大海退面是整合的

在非海相硅质碎屑岩地层中，向上变粗至向上变细的转换位置同样可以用来识别最大海退面。而在碳酸盐地层中，向上变浅至向上变深的转换位置是识别最大海退面最可靠、最容易的标志。碳酸盐岩中从粗到细的趋势变化也用来识别最大海退面，但有时可能会得出错误结论。

对于较大规模的最大海退面，由于它包含着许多较小规模的层序地层单元，所以前述的向上变粗或向上变细趋势有时是由许多较小规模地层单元的叠加显示出来的（Van Wagoner 等，1990）。例如，向上变粗趋势可能是由这样的叠加样式来指示，即从下至上，其中每一个小规模地层单元所含的粗粒成分都逐渐增多。因此，最大海退面将总体向上变粗的叠加样式（进积样式）与总体向上变细的叠加样式（退积样式）区分开来。

最大海退面（MRS）的识别取决于反映沉积物粒度的资料（不管有无前述较小规模的地层单元），通过对这些基础数据进行相分析可以大致推断沉积物沉积时的水体深度。最大海退面可以出现在相渐变的地层（整合的地层）中，也可以是突变的，具有冲刷面标志（沉积间断面）。在海相硅质碎屑沉积的 GR 测井曲线上，最大海退面通常是（但不绝对是）指示 GR 值从减小（曲线逐渐偏左，粒度向上逐渐变粗，泥质含量逐渐减少）向增大（曲线逐渐偏右，粒度逐渐变细，泥质含量逐渐增加）变化的转折位置（图 5.11）。而在纯碳酸盐岩地层中，GR 测井曲线无法用来

识别最大海退面，此时需要根据岩芯/岩屑等进行相分析。

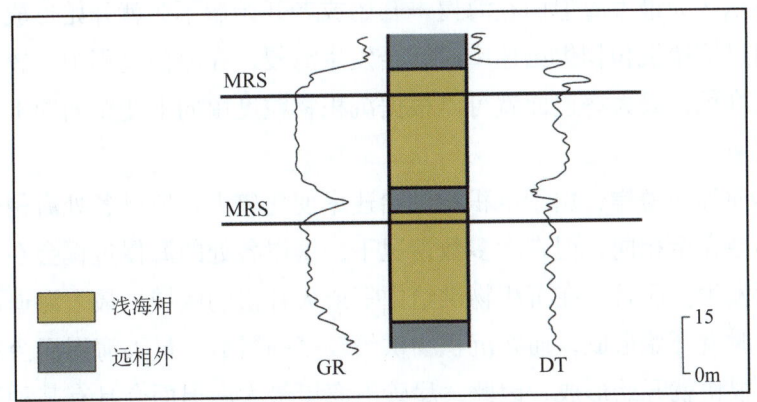

图 5.11　洛希德（Lougheed）岛侏罗系某段测井曲线剖面
图中标出的两个最大海退面都位于 GR 曲线由减少向增大变化的转折点。GR 曲线的变化趋势反映了水深
由向上逐渐变浅（GR 值减小）再向上逐渐变深（GR 值增加）的变化

必须注意到，最大海退面在侧向上与滨岸海蚀面相接（图 5.12），原因在于二者都是在海侵一开始就开始形成（见下文）。而且，最大海退面（MRS）有时与不整合型滨岸海蚀面（SR-U）很难区分，因为两者均分割其下伏向上变粗的海相地层与上覆向上变细海相地层，而且两者都可能会是冲刷接触面。例如在图 5.8 所示的地层序列中，就有可能会把最大海退面解释为不整合型滨岸海蚀面（SR-U）之上的薄层海侵砂岩的顶，而实际上是薄层砂岩的底。

区分不整合型滨岸海蚀面与最大海退面的关键在于，前者为下削上超的不整合面，而后者是并不存在削截或上超的整合面或沉积间断面。当不整合型滨岸海蚀面与最大海退面难以区分时，可以求助于区域性连井剖面或地震资料。

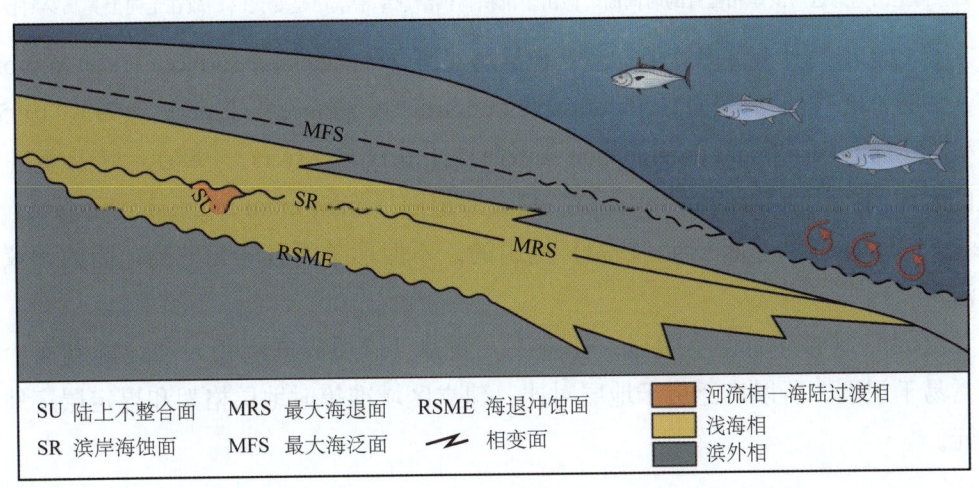

图 5.12　最大海退面（MRS）与其他层序地层界面关系示意图
图中最大海退面向陆方向与滨岸海蚀面（SR）交接，之所以如此，是因为这两个界面都是在海侵初期开始
形成，认识到这一点在界定层序地层单元时是很重要的

在浅水相带中，由于最大海退面与沉积物开始向上变细和水体开始向上变深相吻合，故可以认为最大海退面在海侵一开始或者开始后不久就开始形成。当基准面上升速率超过滨岸沉积物供给速率时就会发生海侵，在海侵过程中，较细粒的物质会在倾向上堆积，最大海退面就可以根据沉积物粒度由向上变粗向向上变细转换的位置识别出来。

沿着硅质碎屑海岸，由于沉积物供给速率变化较大，所以各处海侵开始时间的早晚可能不会完全相同，但在大多数情况下，滨岸各处的海侵过程会在相对较短的时段内先后发生。而且，在沉积物供给中等或欠补偿的区域，最大海退面在基准面一开始上升时就开始形成，而在沉积物供给较多的区域，最大海退面会在基准面已开始上升后很快就开始形成，因此，尽管沿海岸最大海退面会具有某种程度的穿时性，但是不会太大（图5.13）。对碳酸盐岩地层的实际观察资料表明，最大海退面与时间的关系与硅质碎屑滨岸相同。在理论上上述关系可能会有例外，但是目前尚无文献记载。

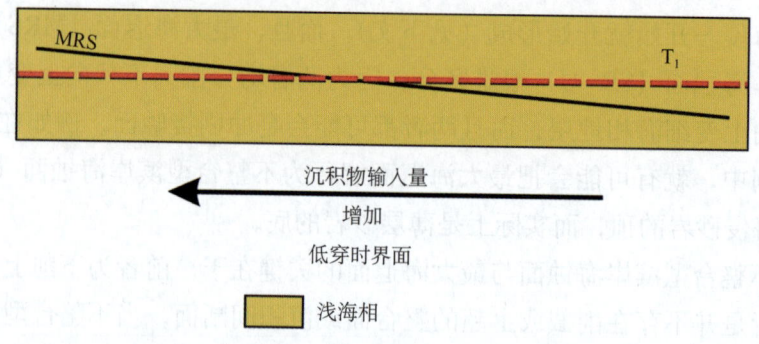

图5.13 最大海退面（MRS）与时间的关系图
最大海退面为靠近与滨岸相垂直的时间面，但由于沉积物供给速率沿滨岸是变化的，故在走向上具高穿时性

最大海退面具有许多其他称谓，包括海侵面（transgressive surface）（Van Wagoner等，1988）、整合的海侵面（conformable transgressive surface）（Embry，1993，1995）、最大进积面（maximum progradation surface）（Emery和Myers，1996），以及更一般性的术语海泛面（flooding surface）。最大海退面（maxi-mum regressive surface）由Helland-Hansen和Gjelberg（1994）提出的，不但形象而且较为准确，因此建议继续沿用。

最大海退面穿时性不明显，在露头、测井（硅质碎屑沉积）和地震剖面上都非常易于识别，所以广泛用于地层对比、建立区域准等时地层格架和界定层序地层单元。

6

层序地层学物理界面（Ⅲ）：

最大海泛面和陆坡上超面

引言

前两章介绍了层序地层学中的四类物理界面：陆上不整合面、海退冲刷面、滨岸海蚀面和最大海退面。本章将讨论层序地层学中另外两类物理界面：最大海泛面和陆坡上超面。与其他层序地层学物理界面一样，这两类物理界面同样具有特定的物理特征，可以在各种地层环境中利用多种类型资料进行定义和识别。

最大海泛面和陆坡上超面与前两章所论述的物理界面一样，都是沉积作用和基准面变化之间相互作用的产物，对于建立近似的时间对比格架和界定特定的层序地层单元有着重要的作用。

最大海泛面（MFS）

尽管最大海泛面这个术语的使用仅有短短20年的时间，但早在100多年前研究者就已经根据实际资料识别出最大海泛面了。20世纪50年代，研究者更是认识到最大海泛面在连井剖面对比中的作用，许多已发表的对比剖面中所谓的"标志层"实为最大海泛面（Forgotson，1957；Oliver和Cowper，1963）。Frazier（1974）称这样的标志层为"间断面"（hiatal surface）。Vail等（1977）将包含最大海泛面的地震反射轴称为下超面。

在海相硅质碎屑岩地层中，最大海泛面以由向上变细趋势变为向上变粗趋势为标志（Embry，2001）（图6.1）。在近滨区域，这种趋势变化与水体由向上变深向向上变浅的变化一致，而向远滨区域，就没有这种对应关系了，深水沉积有时会发育在最大海泛面之上。如果用叠加样式表述，在最大海泛面之下，地层总体上呈向上变细的退积叠加样式，而在其上，地层总体呈向上变粗的进积叠加样式（Van Wagoner等，1990）。

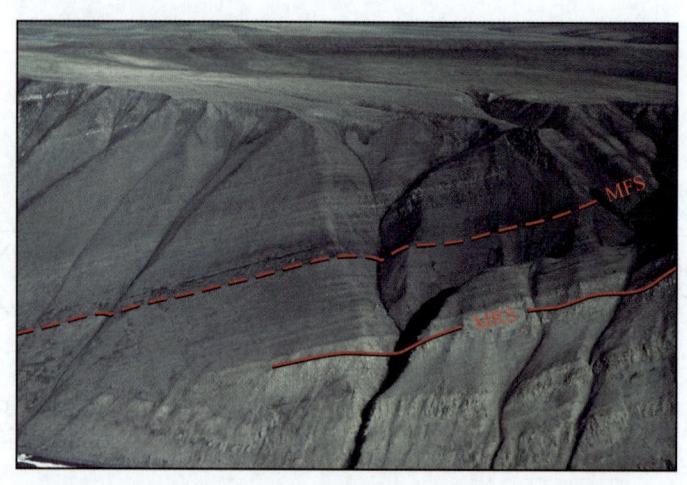

图 6.1 埃尔米尔（Ellesmere）岛东北海岸下三叠统露头，距 Hare Fiord 北入口 10km。最大海退面（MRS）位于向上变粗、变浅陆架砂岩的顶部。其上地层向上变细、变深直到富含生物化石的薄层灰岩，灰岩顶部为最大海泛面（MFS），在最大海泛面之上地层剖面颜色变浅表明地层向上变粗

　　在非海相硅质碎屑岩地层内，最大海泛面的特征可能不太明显，但同样发育在向上变细趋势向上变粗趋势的转换位置。一般来说，该位置对应于河道发育程度减少向河道发育程度增多的转换位置（Cross 和 Lessenger，1998）。在非海相地层内，最大海泛面有时与碎屑物质匮乏有关，这可能与煤层发育位置（Hamilton 和 Tadros，1994；Allen 等，1996）或非海相/过渡相灰岩发育位置一致。

　　在碳酸盐岩地层内，最大海泛面也以变细向变粗趋势的转换为标志。特别是在浅水碳酸盐岩礁滩环境中，最大海泛面以向上水体变深向水体变浅的转换为标志，这种识别标准结合了相分析，故比单纯以粒度变化来判识最大海泛面更为可靠。在深水碳酸盐岩缓坡背景下，最大海泛面标志着碳酸盐岩沉积减少（变细）向增加（变粗）的转换。在碳酸盐岩台地背景中最大海泛面最易识别，为水体变深向变浅的转换位置，而在相邻的陆坡和深海平原区，利用沉积物粒度变化来识别最大海泛面更可靠。

　　与识别最大海退面一样，识别最大海泛面通常需要能够反映沉积物粒度变化的数据及基于相分析的水深解释。在盆地边缘，最大海泛面或者是小型冲刷面，或者是整合面，而在滨外区域，无论是碳酸盐岩还是碎屑岩，最大海泛面可以是主要由于欠补偿作用和不明显的冲刷作用形成的不整合面。值得注意的是，该不整合面并没有明显的地层削截现象，只是代表着较大的时间间断，该间断可以通过古生物资料证实。在滨外区域，最大海泛面通常发育于包含众多沉积间断的密集段内，而在硅质碎屑岩内则可能伴有灰岩或富铁岩石等化学沉积物（图 6.2）。

　　在硅质碎屑岩 GR 测井曲线上，如果缺少更为详细的资料（如岩心），可以将最大海泛面置于 GR 曲线向右偏移（反映向上变细和泥质含量增加）转变为向左偏移（反映向上变粗和泥质含量减少）的转折位置（图 6.3）。如果最大海泛面由诸如

富铁岩石、灰岩或富集的海绿石等化学沉积所指示，那么相应的测井曲线特征就会发生变化（Loutit 等，1988）。在纯碳酸盐岩地层中，由于无法利用测井响应来识别最大海泛面，必须运用岩心进行沉积相分析来识别。在地震剖面上，最大海泛面通常表现为具有下超特征的反射轴。在连井对比剖面上，高级次最大海泛面通常表现为向低级次最大海泛面下超的特征（例如 Plint 等，2001）。

图 6.2　阿克塞尔－海伯格（Axel Heiberg）岛中部中侏罗统露头，最大海泛面位于富铁岩层顶部。注意富铁岩层之下的页岩中铁质成分向上增多，而海泛面之上为泥质铁岩。图中最大海泛面（MFS）位于泥质输入最少的位置

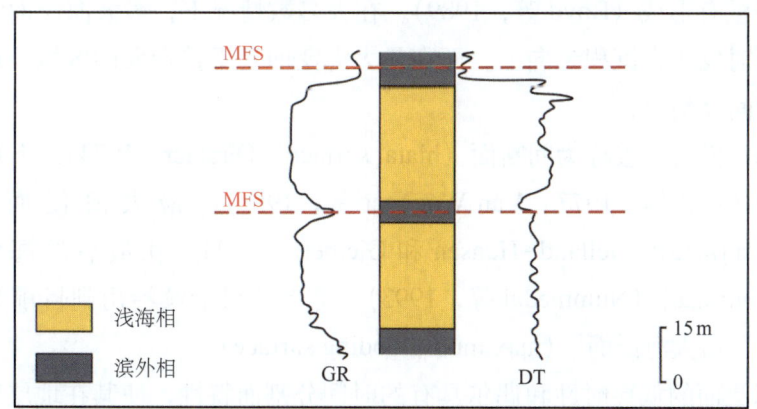

图 6.3　洛希德（Lougheed）岛侏罗纪地层中划分出两个最大海泛面。最大海泛面位于 GR 曲线从增加向减小变化的位置。GR 曲线这种趋势变化反映了由粒度向上变细、水体加深（泥质含量增加）向粒度向上变粗、水体变浅（泥质含量减少）的转变

根据其物理特征，可以解释最大海泛面的成因为在某一位置处的沉积物供给由减少向增加变化造成的，而沉积物供给速率的变化在很多情况下与海侵向海退的转变有关。当滨岸沉积物供给速率超过基准面上升速率时就会发生海退，导致滨岸向海迁移，较粗粒沉积物开始在倾向方向上堆积，沉积物向上变细变为向上变粗就指示出了最大海泛面的位置（图6.4）。因此，最大海泛面形成于非常接近海退开始的时期。

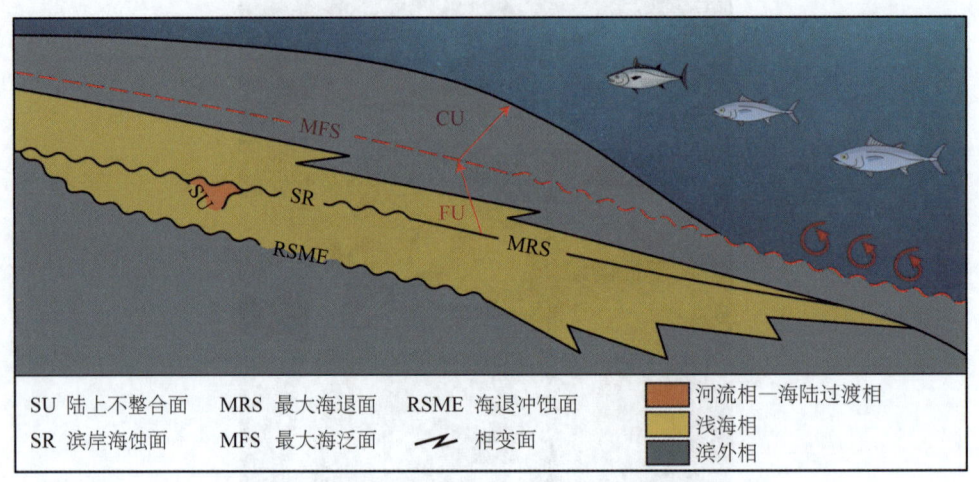

图6.4 最大海泛面（MFS）与其他层序界面的关系示意图

最大海泛面位于陆上不整合面（SU）/不整合型滨岸海蚀面（SR-U）/最大海退面（MRS）之上，指示沉积物从向上变细向向上变粗的趋势变化。最大海泛面形成于海退开始发生时，由于滨岸开始向海迁移，粗粒沉积物只能到达陆架的某一位置。向盆地方向更远的位置，最大海泛面表现为欠补偿沉积或间歇性冲刷成因的不整合面，并被进积沉积体所下超

区域上，沿岸线走向海退开始的时间可能略有不同，在沉积物供给速率较低的区域，最大海泛面可能形成得较晚（图6.5）。例如，在墨西哥湾地区，最近的间冰川期最大海泛面在沉积物供给速率高的区域已经形成，而在远离河流沉积物供给的区域却还没有形成（Boyd等，1989）。在大多数情况下，最大海泛面为低穿时界面，最大穿时发生在沉积走向上。而在最大海泛面是不整合面的区域，最大海泛面是近似的时间分割面。

最大海泛面曾经被称为间断面（hiatal surface）（Frazier，1974）、下超面（dawn lap surface）（Vail等，1977；Van Wagoner等，1988）、最大海侵面（maximum trasgressive surface）（Helland-Hansen和Gjelberg，1994）和最后的海侵面（final trasgressive surface）（Nummedal等，1993）。笔者建议继续沿用到目前为止最普遍使用的名称"最大海泛面"（maximum flooding surface）。

最大海泛面的低穿时性和偶尔具有的时间分割面特性，使其在地层对比、建立近似等时格架及界定某些层序地层单元中都十分有用，加之它在露头、钻井和地震剖面上都很易于识别，所以应用就更加广泛。

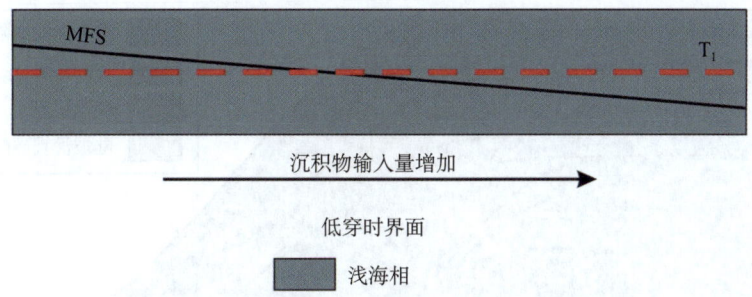

图 6.5 最大海泛面（MFS）与时间的关系示意图

最大海泛面与垂直于岸线的时间界面非常接近，而在岸线走向方向上，由于沉积物供给速率不同，具有低穿时性。在沉积物供给速率较高的区域由于海退开始得较早，最大海泛面相应地也发育得略早

陆坡上超面（SOS）

陆坡上超面作为界面在地质文献中出现已有很长的历史，但是直到 Embry（1995）才正式称之为陆坡上超面（SOS），并将其归为六类层序地层界面之列（Embry，2001）。陆坡上超面是一个明显的不整合面，发育于斜坡环境，以上覆地层对其上超为首要特征。与其下地层可以是整合接触关系，没有冲刷或侵蚀现象，也可以是明显冲刷或削截关系。当陆坡上超面不是冲刷接触关系时，说明其为饥饿沉积面，被上覆新地层上超；而当其下地层遭受冲刷或缺失时，说明该界面是部分地由于侵蚀作用（重力垮塌，水流冲刷）而形成的，之后被上覆地层上超。

陆坡上超面在陆架/陆坡/深海平原环境的碳酸盐岩地层中的特征最明显（图6.6，图6.7），在露头和地震剖面上通常也很容易识别（Schlager，2005）。陆坡上超面形成于基准面下降期间，由于台地暴露而导致碳酸盐岩生产速率明显降低的时期，此时，绝大部分陆坡区域处于饥饿沉积状态。边缘垮塌或水流冲刷造成的侵蚀可以在上陆坡形成陡崖，粗粒度沉积物被搬运到陆坡下方，呈上超状堆积在坡脚

图 6.6 斑克斯（Banks）岛东北部上泥盆统点礁露头，陆架地层位于礁体的左侧，右侧为盆地方向。礁体向盆地一侧为明显的陆坡上超面，该面被进积的硅质碎屑体上超。
见 Embry 和 Klovan（1971）的野外露头地质描述

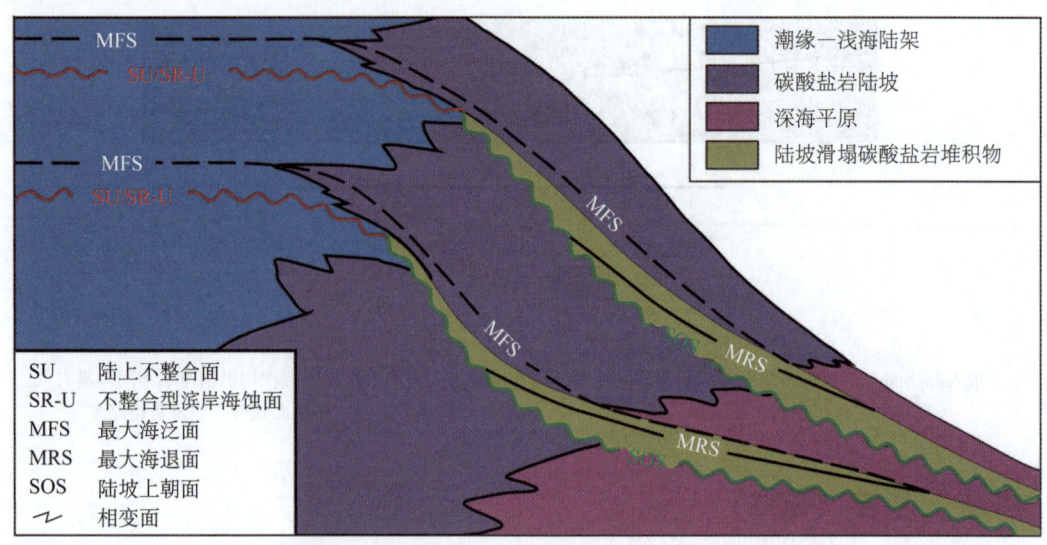

图 6.7　碳酸盐岩陆架/陆坡/深海平原背景中陆坡上超面（SOS）
与其他层序地层界面的关系示意图

陆坡上超面形成于陆架（碳酸盐岩生产工厂）暴露及陆坡处于饥饿沉积状态时期，沉积物供给不足导致滑塌的陆坡楔形沉积体上超于陆坡的底部，而陆坡上部则被海侵早期由陆架搬运来的沉积物上超

部位。在基准面下降的过程中，陆坡可能会被进积的硅质碎屑沉积物所上超（如图 6.6 所示），或者继续保持相对饥饿沉积状态，偶尔接受少量粗粒碳酸盐岩沉积。在随后的基准面上升期，台地被淹没，碳酸盐岩沉积作用恢复，陆坡继续被滑坍的台地碳酸盐岩沉积物上超。因此，在通常情况下，陆坡上超面既被沉积于基准面下降期的沉积物上超也被沉积于随后的基准面上升期和海侵期的沉积物所上超。其结果就导致了最大海退面（MRS）出现在上超的陆坡沉积体内部（图 6.7）。

在硅质碎屑陆架/陆坡/深海平原背景中，当海平面下降到陆架边缘的时候也可形成陆坡上超面。此时，输入到陆坡的沉积物分布范围发生了变化，在海平面下降到陆架边缘之前沉积物分布较广泛，之后沉积物分布较为局限，而且集中在海底水道中，导致很大范围的陆坡处于饥饿沉积状态。当然，这种饥饿状态的陆坡可能保存完好，也可能会被水流或水下滑坡所侵蚀，最终会被侧向扩展的扇体沉积物及随后的基准面上升期沉积的海侵沉积物所上超（图 6.8）。

在有些情况下，当海平面没有下降到陆架边缘以下时，由于在陆架和海岸平原可供保存沉积物的可容纳空间较大，导致输送到陆坡的沉积物大大减少，在海侵一开始陆坡上超面才开始发育。在海侵早期，由于陆架水体较浅，海侵冲刷过程会将陆架上绝大部分沉积物冲刷干净，被冲刷的陆架沉积物上超于陆坡之上，形成海侵上超楔状体，也就是 Posamentier 和 Allen（1993）所说的"初始海侵楔状体"。Posamentier 和 Allen 详细阐述了上述背景中陆坡上超面的形成过程。在这种情况下，形成的陆坡上超面仅被海侵沉积物所上超，通常其下没有地层缺失现象（shows no evidence of lost section below it）。

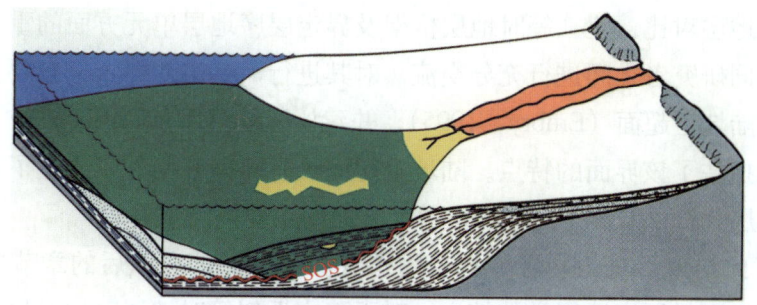

图 6.8　硅质碎屑岩中陆坡上超面的形成过程和特征示意图
（修改自 Posamentier 和 Vail，1988）

当陆架边缘处于暴露状态时，沉积物被海底水道输送到深海平原，并以海底扇的形式堆积下来，此时大部分陆坡处于饥饿沉积状态。随着时间的推移，由于扇体的迁移作用和沉积物增加，开始向陆坡上超。而上陆坡则常常被随后的海侵期沉积所上超

值得注意的是，由于在陆坡地层中难以通过岩性分析建立上超关系，所以陆坡上超面在硅质碎屑岩露头中通常很难识别。然而，地震剖面通常却可以较好地显示出硅质碎屑岩陆坡上超面特征（图 6.9），Greenlee 和 Moore（1988）以及 Posamentier 和 Allen（1999）都曾列举过很好的实例。另外，精细的连井对比剖面也可以用来划分陆坡上超面（Posamentier 和 Chamberlain，1993）。

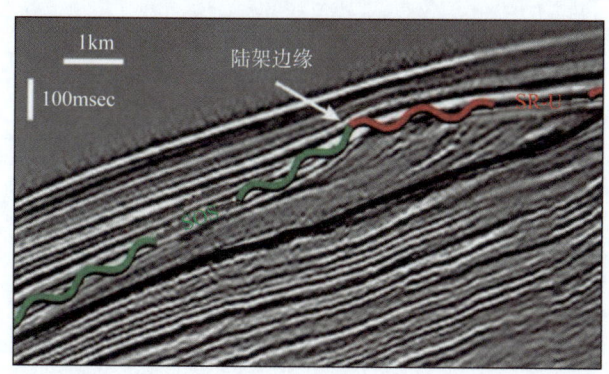

图 6.9　地震剖面上具有明显上超特征的陆坡上超面（SOS）
界面之上上超的地层显然发育于海侵期，相当于 Posamentie 和 Allen（1993）所说的"初始海侵楔状体"。陆坡上超面向上与不整合型滨岸海蚀面相接，滨岸海蚀面之下可见被削截的三角洲相地层（墨西哥湾 Desoto Canyon 第四系地层地震测线）（修改自 Posamentier，2003）

陆坡上超面不但是不整合面，而且也是时间分割面，其下所有地层在年代上都要早于其上地层。在其下地层没有遭受侵蚀的情况下，陆坡上超面就代表了其形成时的原始沉积陆坡形态。然而在大多数情况下，陆坡上超面之下的地层都会存在由于水流冲刷或重力垮塌导致的地层缺失和削截现象。陆坡上超面之上的上超地层可以具有相当大的时间跨度，通常可以从基准面下降（海退）后半期至基准面上升（海侵）早期。在某些情况下，可能只有海侵地层上超于陆坡上超面。

奇怪的是，尽管陆坡上超面在碳酸盐岩和硅质碎屑岩陆架/陆坡/深海平原环境中都已经被广泛识别出来，但从未有人对如此有特色的界面进行过命名。鉴于陆

坡上超面在地层对比、建立等时地层格架及界定层序地层单元方面的重要性，即使是仅为了不同研究者之间进行充分交流，对其进行命名也变得十分必要。我把这个界面命名为陆坡上超面（Embry，1995），并建议继续沿用，原因是陆坡上超面这个名字形象地抓住了该界面的特点。陆坡上超面具有时间分割性，决定了它在地层对比、等时地层分析以及界定层序地层单元方面的重要性。

　　本章就此结束了对六类层序地层物理界面的探讨，在以后的章节中读者会发现，这六类界面是层序地层学的核心，对于建立近似等时地层对比及界定物理界面层序地层单元非常有用。在描述这些物理界面层序地层单元及阐述这六类物理界面在对比中的应用之前，有必要在随后的章节中先介绍一下另外两类时间界面，即强制海退面和可对比整合面，有些研究者认为它们具有与前述六类物理界面同等的重要性。

7

层序地层物理界面的基准面变化模型

引言

在前三章中，笔者描述了层序地层学中的六个物理界面，它们或者代表着沉积间断，或者代表着沉积趋势变化。这些界面在层序地层学中被识别和应用已经有约220年的历史了，而且都被独立地解释为起源于基准面变化和沉积作用之间的相互作用。例如在大约在100年前，Barrel（1917）就推测陆上不整合面是由于基准面下降形成的。

Mac Jervey（1988）证明几乎所有物理界面（不包括RSME）的成因都可以用恒定沉积物供给加波状变化的基准面模式进行解释，这重新赋予了层序地层学生命力。在本章中，笔者将讨论基准面的概念及驱动因素，以及上述六个层序地层界面是如何基准面升降旋回周期内产生的，同时也会涉及层序地层学关于两类基准面变化模型及其导致的界面之间的几何关系的差异性。

基准面

Harry Wheeler（1964）简单地回顾了基准面这个术语在地层学中使用的历史，随后Tim Cross（Cross，1991；Cross与Lessenger，1998）明确阐述了基准面概念在层序地层学中的应用。从地层学意义上讲，基准面不是一个真实的物理面，而是一个抽象面，代表着剥蚀作用与沉积作用相均衡。可以把基准面理解为沉积作用能够发生的上限，在基准面位于地表以下的任何地点，沉积作用都不可能发生，只会发生剥蚀作用；而在基准面位于地表以上时，在基准面和地表之间的空间内通常发生沉积作用。基准面与地表相交的位置是沉积作用和剥蚀作用相平衡的位置。

在海洋地区，基准面通常非常接近于海平面，只有在具有非常强的洋流作用或波浪作用的区域基准面才与海底相交。这就导致绝大部分海洋环境仅发生沉积作用。而在非海相地区，基准面在绝大多数情况下都是在地表附近或低于地表，因此各种过程常导致这些区域遭受剥蚀作用。然而，在有些陆相地区基准面可以高于地表，通常出现在有稳定水体的区域，此时基准面非常接近于湖泊或沼泽水面。河流通过加积或者侵蚀能够建立基准面剖面，直到达到一个确定的流量和沉积物供给后，河流既不会发生沉积作用也不会发生侵蚀作用。在这种情况下，基准面与河床底面相重合，直到河流能量、沉积物供给或者河床坡度发生变化使其改变。

基准面波动

可以把基准面看作控制剥蚀沉积物所需能量的界面，任何地点发生剥蚀作用的能量可能会随海平面或构造运动发生变化，从而导致基准面下降（增加剥蚀能量）或者基准面上升（减少剥蚀能量）。地球的动力学性质决定基准面很难在某个地点保持静止，而是相对于地表以下的某个参照面上下运动。之所以选择地表以下的参照面而不是地表面，是为了确保基准面的概念与沉积作用或剥蚀作用无关。如此，基准面变化就可以想象为基准面与该参照面之间的距离变化。在某一特定的时间内该参照面和基准面之间的空间被称为可容纳空间（Jervey，1988）（图7.1）。因此，基准面的变化就相当于可容纳空间形成或消失的变化。

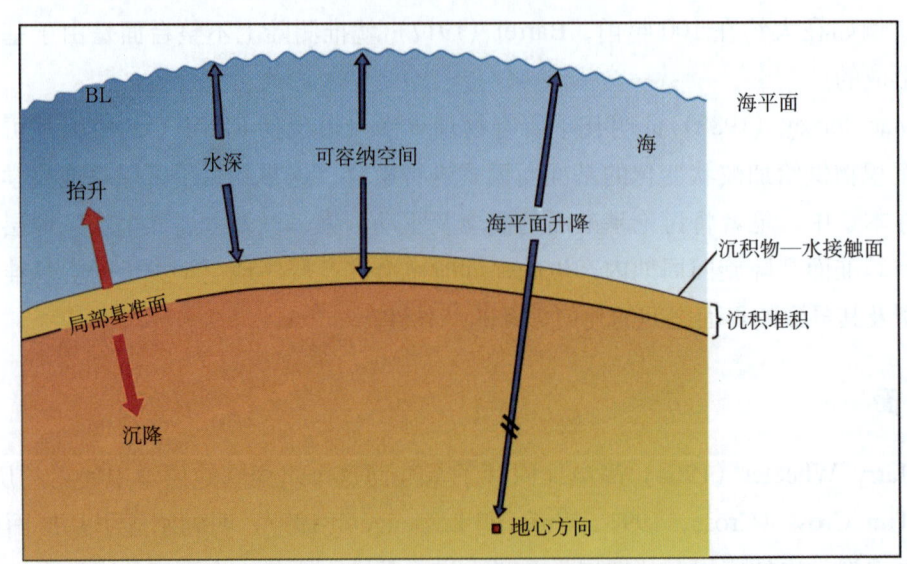

图7.1　基准面变化指的是基准面（BL，这里等于海平面）相对于低于海底的某个参照面之间的相对运动。两个主要因素控制了基准面变化——参照面的运动（上升或下降）和海平面变化。基准面和参照面之间的空间称为可容纳空间（Jervey，1988）。因此，基准面的变化等同于可容纳空间的变化（修改自 Coe，2003）

两种主要驱动机制引起区域性基准面变化（地表较大范围内能量的增加或减少）：一是构造运动导致参照面而不是基准面上下移动，参照面向下运动称为构造沉降，构造沉降导致基准面相对上升，可容纳空间增加（即基准面和参照面之间具有更多的空间）；相反，参照面向上运动相当于基准面下降，从而减少可容纳空间；另一个引起区域基准面变化的动力是海平面相对于地球中心的变化（图7.1）。在这种情况下，参照面并不发生变化，而是与海平面密切相关的基准面上下运动。因此，海平面上升导致基准面上升和可容纳空间增加，海平面下降导致基准面下降和可容纳空间减少。此外，由于压实效应、盐溶或盐丘刺穿造成的沉积物体积的增加或减少都会引起基准面和可容纳空间的变化。

除了上述控制区域基准面变化的两种机制外，还必须提到的是，剥蚀能量也可以随气候变化而改变。例如，季风季节的湿润气候可以导致河流流量增加，剥蚀能量增大，造成基准面明显下降，河流下切和侵蚀增强。由气候引起的基准面变化与构造运动和海平面变化无关，通常是局部的（盆缘地带）和短暂的，将不再进一步讨论。

总之，构造运动和海平面变化是区域基准面变化的主要驱动力，然而，二者对基准面变化的贡献通常是不好区分的（Burton 等，1987）。构造运动和海平面变化的综合效应表现为基准面变化。有时候也使用相对海平面变化来描述海平面变化和构造运动的综合效应（Van Wagoner 等，1988），但是笔者倾向于使用基准面变化，因为基准面变化这个概念使用在先，而且不会与变化的海平面相混淆。使用基准面变化这个概念还能够避免究竟是构造运动还是海平面变化导致可容纳空间变化、沉积作用间断和沉积趋势变化而引起的经常是无结果的争论。

Barrell（1917）已经注意到，由于上述诸多驱动因素的相互作用，任何地点的基准面总是在不停地变化，在局部或区域范围内，基准面以不同时间规模、不同幅度升降的周期性变化是显而易见的。一般而言，大幅度的基准面变化比低幅度基准面变化发生的次数要少。依据经验观测所得的这一结论对于确定层序地层单元的级别非常重要，这一点我们在后续章节中将进一步讨论。

层序地层学的关键在于，基准面周期性波动会产生一系列截然不同的沉积界面，反映由于可容纳空间增减和沉积速率之间相互作用所导致的沉积间断和（或）沉积趋势变化。例如，在某一特定的地点，基准面下降至地表以下可容纳空间就会消失，沉积作用就会向剥蚀作用转化，产生沉积间断。剥蚀作用能够产生各种不同类型的不整合，可用于地层对比和界定层序地层单元。正如前面已经强调的，与记录较短时间间断的沉积间断面不同，不整合面代表着地层记录中长时间的间断。

沉积间断和沉积趋势变化

在基准面升降变化周期内所产生的各种沉积间断和沉积趋势变化，通过前述物理界面表现出来（图7.2、图7.3、图7.4）。下面笔者总结一下这些界面在基准面变

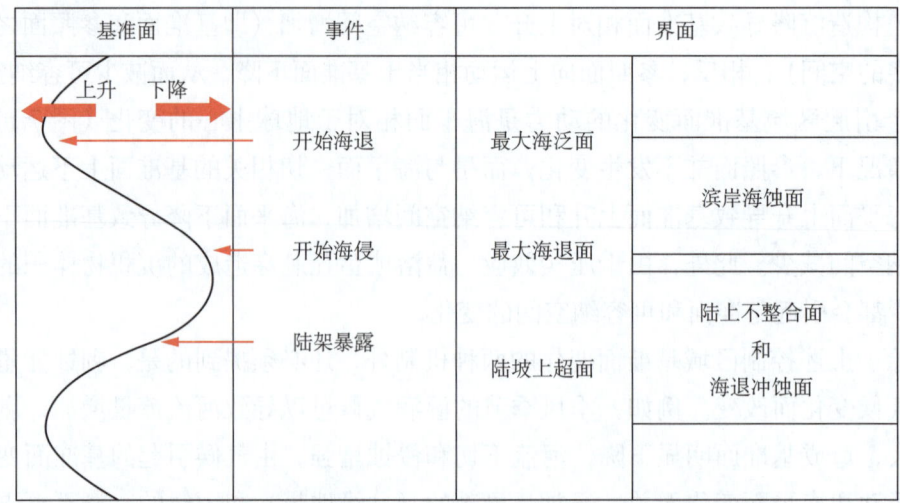

图 7.2　层序地层学中产生六个物理界面的基准面变化模型
由于可容纳空间变化和沉积作用速率相互作用，每个界面都产生于基准面变化过程的特定时期

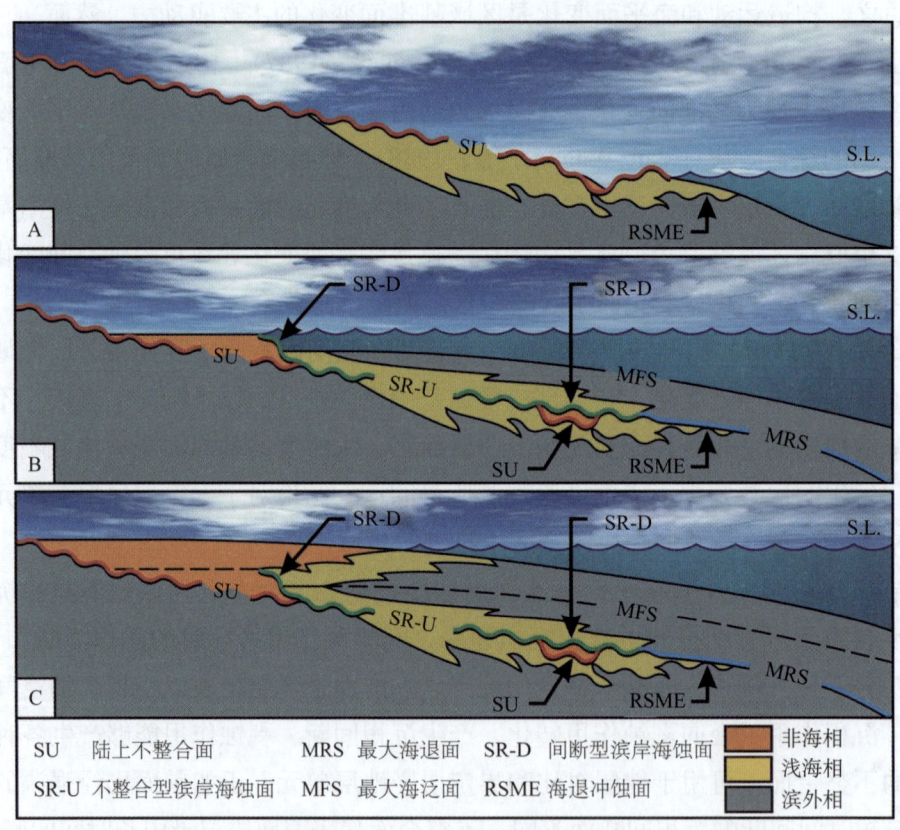

SU	陆上不整合面	MRS	最大海退面	SR-D	间断型滨岸海蚀面	非海相
SR-U	不整合型滨岸海蚀面	MFS	最大海泛面	RSME	海退冲蚀面	浅海相
						滨外相

图 7.3　缓坡背景下的五个物理层序地层界面的演化示意图

（A）基准面下降结束（相当于基准面上升开始）时，陆上不整合面（SU）达到其最大范围，同时海退冲刷面（RSME）也向盆地方向迁移，位于基准面下降期形成的临滨沉积的底部；（B）当基准面开始上升时海侵作用开始，滨岸海蚀面（SR）向陆迁移，侵蚀部分陆上不整合面（SU），与此同时，细粒沉积物在向海方向沉积，形成最大海退面（MRS）；（C）基准面上升晚期，海退发生，粗粒沉积物到达陆架，最大海泛面（MFS）在接近最大海退时产生，与此同时，进积的、向上变粗的沉积序列开始在陆架上堆积

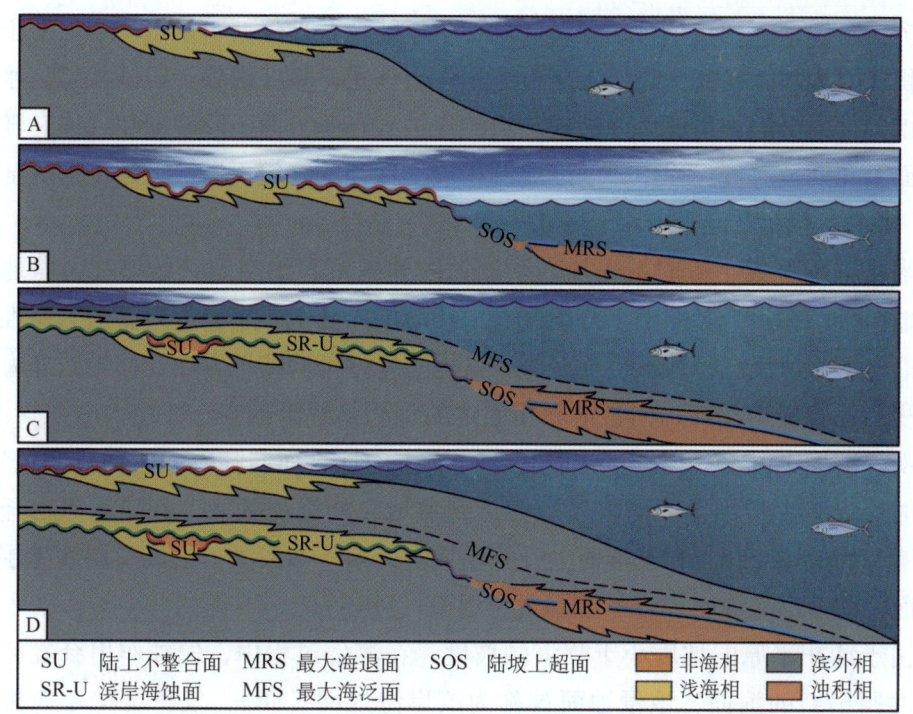

SU	陆上不整合面	MRS	最大海退面	SOS	陆坡上超面	■ 非海相	■ 滨外相
SR-U	滨岸海蚀面	MFS	最大海泛面			■ 浅海相	■ 浊积相

图7.4 与陆架/斜坡/深海平原背景伴生的六个层序地层物理界面演化示意图

（A）基准面下降期陆上不整合面（SU）向盆地迁移；（B）基准面下降晚期，当陆架暴露时（陆上不整合面到达陆架边缘），陆坡上超面（SOS）形成，浊积岩开始在深海平原堆积。基准面开始上升，海侵开始，深海平原浊积沉积物内部发育最大海退面（MRS）；（C）基准面上升期间海侵继续，陆架被海水淹没，滨岸海蚀作用侵蚀掉大部分陆上不整合面，较细粒沉积物沉积于深海平原，其中最细粒的沉积层代表最大海泛面（MFS）；（D）当基准面由上升变为下降时，楔状沉积物向深海平原进积，同时在陆架上陆地不整合面（SU）开始向盆地迁移

化周期内形成和发育的过程。

随着基准面开始下降，可容纳空间开始减少，盆地边缘沉积作用停止。在整个基准面下降期间，陆上剥蚀作用不断地向盆地中心推进，从而产生一个陆上不整合面（SU），该不整合面在基准面下降结束时向盆地方向延伸到最远位置[图7.2、图7.3（A）、图7.4（A）]。滨线向海方向的迁移（海退）在基准面上升末期开始，并以更快的迁移速度贯穿于整个基准面下降期。

另外，当基准面开始下降时，临滨前缘的内陆架开始遭受侵蚀（Plint，1988），这是由于临滨具有较陡的坡度，在其向海迁移的过程中会侵蚀内陆架。在整个基准面下降期间，内陆架侵蚀面不断向海迁移，并逐渐被进积的临滨沉积所覆盖，形成海退冲刷面（RSME）[图7.2、图7.3（A）]。要注意的是，由于剥蚀强度或者基准面下降速率变化，经常不会形成海退冲刷面。而且，由于此类局部存在的海底侵蚀仅在地层记录中形成较小的沉积间断，因此海退冲刷面是一个明显穿时的沉积间断面，而非不整合面。

最后，当海平面下降到陆架/陆坡边缘后，沉积作用模式完全改变。对于硅质碎屑沉积来说，沉积物被输送到海底峡谷中，陆坡大部分处于饥饿状态。对于碳酸盐沉积，因为陆上暴露，陆架碳酸盐沉积作用停止，陆坡也处于饥饿状态。水流的冲刷以及重力滑塌作用还可以造成陆坡的侵蚀。在基准面下降晚期和（或）随后的基准面上升期及海侵过程中，前述无沉积或受侵蚀的陆坡逐渐被上超，形成陆坡上超面（SOS）[图7.2、图7.4（B）]。

当基准面开始上升时，先前遭受剥蚀的地区可容纳空间开始增加，盆地边界向陆地扩张，在整个基准面上升期间非海相地层向陆上不整合上超。随着基准面上升，沿岸平原河流沉积地形逐渐变缓，盆地边缘逐渐向陆地方向迁移导致非海相区域沉积物保存能力增加，向盆地海相搬运的沉积物逐渐减少。在绝大多数情况下，几乎从基准面上升开始时，滨岸就停止向海方向迁移而向陆方向运动（海侵）。与此同时，仅有少量细粒碎屑物质被搬运到盆地海相沉积区域，盆地水深也开始增加。所有的这些变化都在基准面上升开始或上升后不久发生，形成了层序地层的两种界面，即滨岸海蚀面（SR）和最大海退面（MRS）。

由于冲积平原的坡度小于临滨的坡度，在海侵过程中，侵蚀作用会在冲积平原上冲刷出新的滨面。该侵蚀面被称为滨岸海蚀面（SR），发育于整个海侵过程中[图7.2、图7.3（B）、图7.4（B）]。这个侵蚀成因的界面几乎总是会切割其下的陆上不整合面（SU）的向陆部分，有时甚至会侵蚀掉绝大部分的陆上不整合面（SU）。这就导致滨岸海蚀面或具有不整合面的性质（侵蚀性不整合面）或沉积间断（保存下来的SU部分），正如第五章所描述过的那样[图7.3（B）]。

另外，当基准面开始上升时，由于向盆地海相区域供应的沉积物减少，较细粒的沉积物开始在陆架地带沉积，沉积趋势发生重大变化，即发生从基准面下降期的向上变粗向向上变细的转变。如前所述，该沉积趋势转变位置被称为最大海退面（MRS）[图7.2、7.3（B）、7.4（B）]。最大海退面也标志着浅水区域从向上变浅向向上变深的转变。

最终，基准面上升的速率会逐渐变缓，滨岸地带的沉积速率会再次超过基准面上升速率，冲刷作用停止，滨岸迁移开始调转方向，向海方向迁移（海退）。这时由于非海相地区沉积物的保存能力降低，沉积作用更多地发生在盆地的海相区域，陆架上沉积物粒度变粗。这就导致沉积物由向上变细趋势向向上变粗趋势转变，该转变位置称为最大海泛面（MFS）[图7.2；图7.3（B）、（C）；图7.4（C）、（D）]。显而易见，最大海泛面在近滨地区大致为水体最深的层位，但是在离岸更远、基准面上升速率较高的区域，水体最深的位置并不与最大海泛面重合，而是位置稍高一些。

总之，在基准面下降期间形成了三类界面——陆上不整合面、海退冲刷面和陆坡上超面；在基准面上升期间形成另外三类界面——滨岸海蚀面、最大海退面和最大海泛面。但是必须要注意到，在有些情况下，在基准面开始上升后才开始形成陆坡上超面（SOS），而更多的情形是根本就不会产生海退冲刷面（RSME）。另外值得一提的是，基准面上升期间产生的界面（滨岸海蚀面 SR、最大海退面 MRS 和最大海泛面 MFS）也可以在基准面上升期由于上升速率的变化而产生（如由缓慢上升变为快速上升再变为缓慢上升），而不是在整个基准面升降周期内形成的。上述界面也可以是在基准面上升的过程中由于沉积物供给量显著变化（如三角洲朵叶体的摆动）导致的自旋回过程所产生的（Muto 等，2007）。

总之，在沉积物供给量不变的情况下，基准面变化的模型可以恰当地解释层序地层学中依据经验识别出的六类界面产生的过程。由于这些界面是在基准面变化周期内特定的时间段形成的（图 7.2），如果不考虑沉积物供给量的变化，这些界面之间在空间上的相互关系是可以预测的。在缓坡和陆架/陆坡/深海平原背景中的这些界面之间的相互关系分别在图 7.5、图 7.6 和图 7.7 中用示意图形式表示。

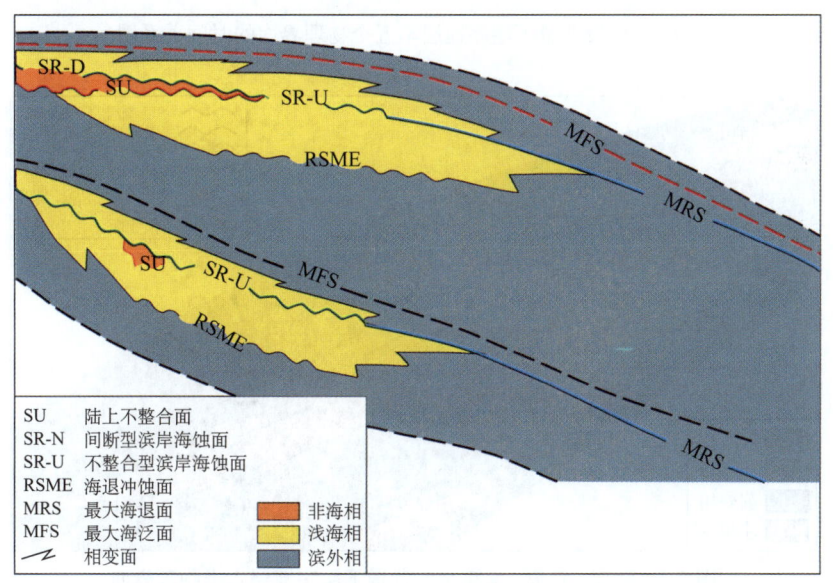

图 7.5　缓坡背景下层序地层学五个物理界面之间的几何关系图

注意陆上不整合面（SU）和不整合型滨岸海蚀面（SR-U）合并形成盆缘不整合，不整合型滨岸海蚀面（SR-U）向盆地方向与最大海退面（MRS）向陆方向的端点相接。这样的几何关系是由于海侵过程在基准面一开始上升或上升不久就发生的结果。最大海泛面（MFS）从陆架一直向深海平原延伸

在随后的章节中将会看到，这些界面之间的空间位置关系是运用层序地层学进行预测的关键，而且这些关系使利用这些界面和界面组合作为边界界定层序地层单元成为可能。

初始基准面上升模型和界面关系

前面讨论的用于解释层序地层学中六类物理界面成因的基准面/沉积物供给模型以基准面开始上升或上升不久时具有相对较高的上升速率为特点。这种基准面/沉积物供给模型就是所熟知的快速初始上升模型（图 7.8A），笔者比较赞成这个模

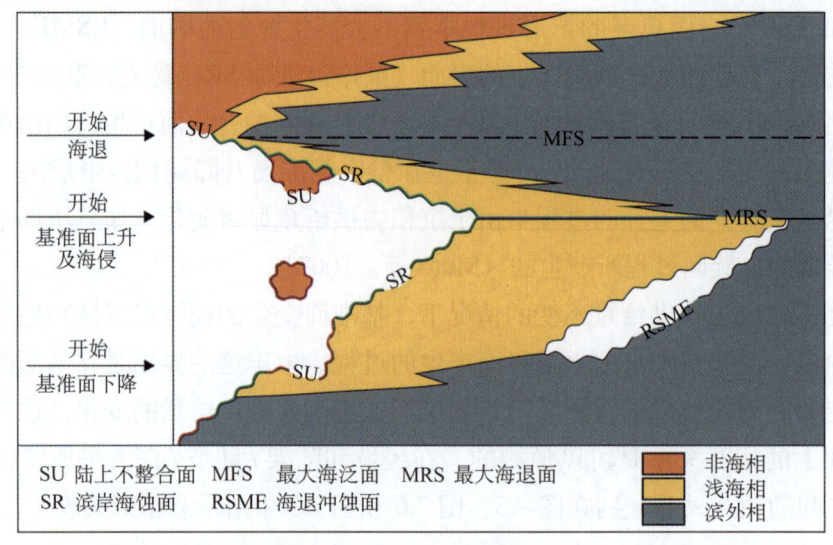

图 7.6 缓坡背景下层序地层学五个物理界面的时间关系图

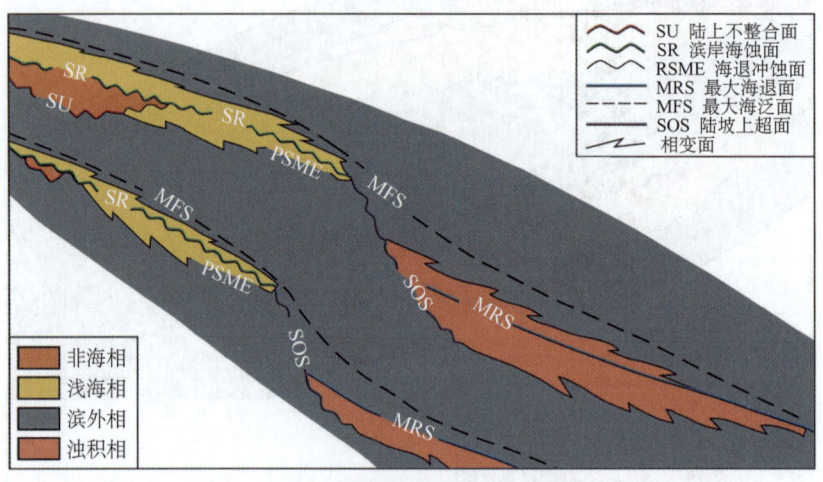

图 7.7 陆架/斜坡/深海平原背景下层序地层六类物理界面
成因关系横剖面示意图

陆上不整合（SU）和不整合型滨岸海蚀面（SR-U）相接共同形成盆地边缘不整合，SR-U 向盆地方向的终点与陆坡上超面（SOS）向陆方向的终点相接。最大海退面（MRS）向陆坡上超面上超，而最大海泛面（MFS）跨越所有地理单元

型，因为对于由不论是海平面变化还是是构造运动所驱动的基准面变化的研究表明，基准面在其刚开始上升不久时确实是具有较高的上升速率的。

在该模型中，最大海退面（MRS）产生于基准面刚开始上升后不久，正如前面讨论的那样，其原因在于基准面快速上升、海侵开始导致陆架相应地点的沉积物供给量减少、粒度变细。在基准面刚开始上升或上升后不久，在滨岸区域沉积物供给速率通常很低，即便在沉积物供给速率较高的地区（如三角洲中心部位）沉积速率也明显降低，滨岸海蚀面开始形成并向陆方向迁移。因此，最大海退面（MRS）向陆方向的终点与滨岸海蚀面（SR）向海方向的终点相接 [图 7.2、图 7.3（A）、图

7.8（A）]。重要的是，在滨岸海蚀面（SR）向陆方向迁移的过程中冲刷了靠近盆地中心的陆上不整合面（SU）部分，而且还经常削截大部分的陆上不整合面，仅在下切谷底部保留残余沉积物（图7.3、图7.4、图7.5、图7.7）。因此，在这个模型中，陆上不整合面（SU）向盆地方向与滨岸海蚀面（SU）相接。在后续章节讨论到层序地层单元的时候还会强调这二者关系的重要性。

几乎所有已发表的以岩石为基础的层序地层学研究，不论是碳酸盐岩还是硅质碎屑岩沉积，都说明了上述模型所预测的陆上不整合面（SU）和滨岸海蚀面（SR）的这种相接关系（例如，Suter等，1987；Pomar，1991；Embry，1993；Beauchamp和Henderson，1994；Johannessen等，1995；Mjos等，1998；Plint等，2001；Johannessen和Steel，2005；等等）。

Jervey（1988）提出的另一个基准面/沉积物供给模型具有非常缓慢的初始基准面上升速率（缓慢初始上升模型），如图7.8（B）所示。在这个模型中，陆上不整合（SR）和最大海退面（MRS）在基准面上升很久后才在海相区域产生。原因是在这个模型中，基准面上升早期的沉积作用速率很高，超过了缓慢的基准面上升速

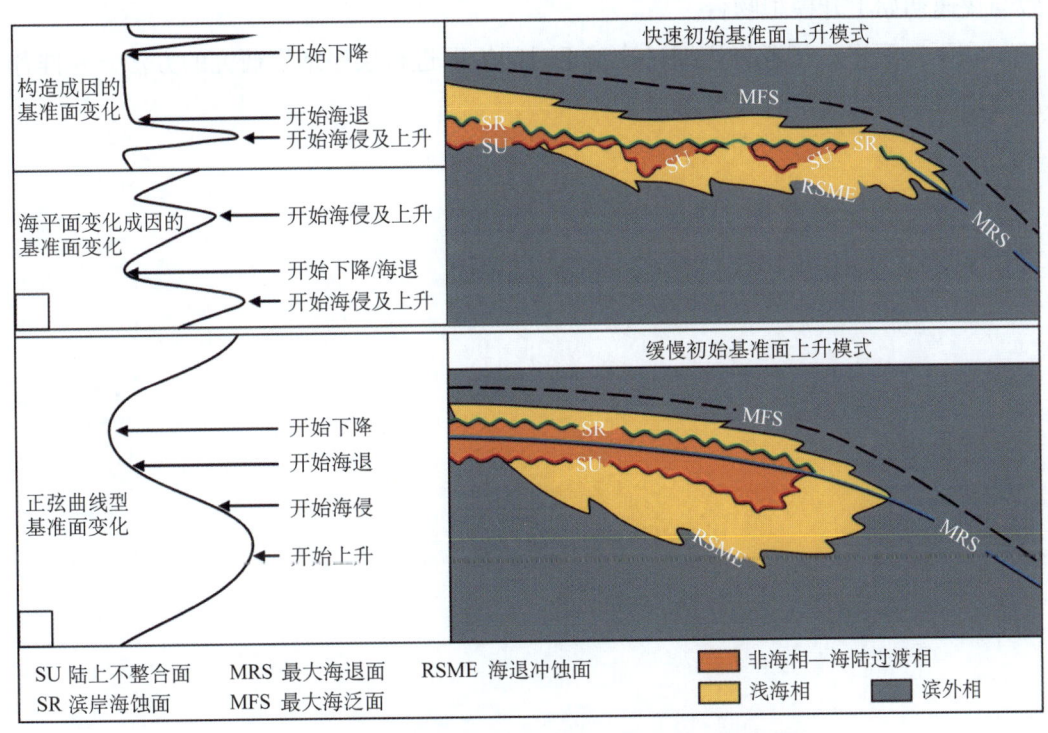

图7.8 缓坡背景下层序地层的两种基准面变化模式图
在这两个模式中五类物理界面均可以形成。
两个模式的关键区别在于所形成的陆上不整合面和滨岸海蚀面的关系不同
（A）在快速初始上升模式中，构造运动和海平面升降变化引起的基准面曲线以快速初始上升为特征，导致滨岸海蚀作用冲刷了陆上不整合面向盆地一侧。右图表示了界面之间的关系。（B）在缓慢初始上升模式中，在正弦变化曲线中基准面上升早期上升速率缓慢。在这种情况下，滨岸冲蚀作用没有侵蚀陆上不整合面向盆地一侧，总是存在一个非海相沉积物楔状体把陆上不整合面（SU）与上覆的滨岸海蚀面（SR）和最大海退面（MRS）分开。注意陆上不整合面（SU）向盆地一侧没有与任何物理界面相接

率，由此导致基准面下降期间发生的海退及陆架大部分区域沉积物粒度变粗一直持续到基准面上升早期。

此外，在这个模型中，由于滨岸海蚀面（SR）在基准面上升很久后才开始发育，所以它不像在快速初始基准面上升模型里那样会冲蚀陆上不整合面（SU）靠近盆地的部分。因此，在慢速初始基准面上升模型中，不存在与陆上不整合面相接的物理界面 [图 7.8（B）]。对于这种缺乏陆上不整合面向盆地部分可对比界面的层序分类将在以后章节中讨论。

笔者不赞成这种缓慢初始上升模型，原因在于没有实际数据表明基准面在开始上升时速率很低。而且如前面讨论的，实际上基准面初始上升的速率很快。另外，岩石层序地层学研究中，根据实际地层对比关系也表明，陆上不整合面（SU）向盆地方向几乎总是与滨岸冲刷面（SR）相接，说明滨岸冲刷面（SR）的确冲蚀了陆上不整合面（SU）的向盆地中心部分。这些研究建立的地层关系也否定了慢速初始上升模型存在的可能性。唯一支持慢速初始上升模型的研究是那些没有经过测井和岩心标定的地震解释（例如 Posamentier，2003），这些地震剖面均可以重新解释以致与快速初始上升模型吻合。

在下一章中，笔者将详细讨论基于时间界面进行层序地层研究的方法，并推荐层序地层学中的两个时间界面。

8

层序地层学时间界面

引言

在本书第四、五、六章中,笔者介绍了层序地层学的六类物理界面,这些界面在过去的200多年里逐渐被识别和描述。值得注意的是,所有这些界面都是在可观察物理特征的基础上进行定义的。这些物理特征包括:

(1) 界面及其上、下地层的物理特征;

(2) 界面与其上、下地层之间的几何接触关系。

可以说这些界面是与模型无关的,因为它们是在解释模型提出之前就已经经验性地识别出来了。对这些界面进行划分以及利用它们进行地层对比和界定层序地层单元,就构成了层序地层学基于物理性质的层序地层工作方法。

一些学者(Hunt 和 Tucher,1992;Helland-Hansen 和 Gjelberg,1994;Posamentier 和 Allen,1999;Catuneanu,2006)推崇另外一种层序地层学工作方法,即时间界面层序地层工作方法。在该方法中,其中一些层序地层界面是基于时间界面来定义的,而不是基于可观察的物理特征或几何关系。Posamentier(2001)认为"识别岩石序列中的等时界面是层序地层分析的关键"。

时间界面是公认的等时地层界面,是以特定地点发生的特殊事件来定义的。从根本上说,等时地层界面代表了特定事件发生时刻存在的沉积界面。如 Catuneanu(2006)所述,"层序地层界面都是相对于基准面旋回的四个主要事件来定义的",这些主要事件要么与基准面变化方向的改变(例如基准面下降向上升改变)有关,要么与滨岸迁移方向的改变(例如,滨线向陆迁移转变为向海迁移)有关。

如图8.1所示,基于时间的层序地层工作方法定义和利用了四个基准面旋回事件,每个事件都对应于一个特定的层序地层界面为前提。这个四个旋回事件和对应的界面分别为:

基准面开始上升(1)= 可对比整合面(CC)

开始海侵（2）= 最大退积面（MRS）
开始海退（3）= 最大海泛面（MFS）
基准面开始下降（4）= 强制海退面（BSFR）

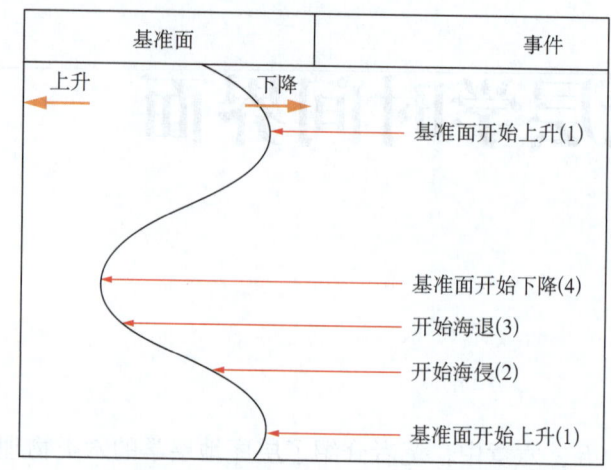

图 8.1　利用基准面正旋变化曲线来说明用于定义层序地层学四个时间界面的事件出现的时间的示意图

基于时间的层序地层分析方法不同于基于物理性质的分析方法，主要表现在以下两个方面：

（1）两种方法共有的界面（如最大海退面）定义方式不同；

（2）增加了两个在基于物理性质的分析方法中没有对应性的新界面。

这两个新的时间界面是由 Hunt 和 Tucker（1992）在 Jervey（1988）的层序地层模型基础上提出的，而非根据经验数据得来的。与和模型无关的物理界面不同，这两个时间界面是与模型有关的（即"没有模型就没有界面"），是两个假想的界面，代表基准面曲线上的两个特定事件。

老界面的新定义

两个重要的物理层序地层物理界面分别为最大海退面（MRS）和最大海泛面（MFS），已经在前面章节中进行了定义和描述。这两个界面在很长时间都是依据经验识别并有不同的称谓，在层序地层学方法和准确模型建立之前，仅根据物理特征进行定义和描述。在现代层序地层学理论中，最大海退面（MRS）和最大海泛面（MFS）都被认为是由于基准面变化和沉积过程之间的相互作用而产生的，尽管在其定义中并没有得到体现。

在时间地层分析方法中，这两个界面是基于对滨线迁移方向的解释而定义的。例如，Catuneanu（2006）称"最大海退面是相对于海侵——海退变化曲线而定义的，标志着滨岸由海退向海侵的转变"，以及（Catuneanu，2006）"最大海泛面也是相对于海侵——海退变化曲线定义的，标志着滨岸海侵的结束"。

实际上，上述两种层序地层工作方法（基于可观测的物理特征来定义物理界面和以理论事件为基础来定义时间界面）对最后的结果并没有很大的影响。这是因为，用来定义物理界面的可观测物理特征正是与该界面相关联的特定事件发生的证据。因此，下面将要谈到，在绝大多数的情况下，两种方法中界面所拾取的是同一个层位，但是也有例外。尽管如此，理解这两种工作方法在定义界面上的深刻区别还是很重要的，因为这种区别对于在时间地层工作方法中引入这两个新的时间界面具有重要的影响。

两个新界面

Hunt 和 Tucker（1992）根据两个理论上的事件——基准面开始下降和基准面开始上升，在层序地层学中引入了两个新的时间界面。这两个界面在 Jervey（1988）的模型研究之前是从来没有定义过的。第一个界面是强制海退面（BSFR）（Hunt 和 Tucker，1992），另一个是可对比整合面（CC）（Helland-Hansen 和 Gjelberg，1994）。随后的许多著作（例如 Posamentier 和 Allen，1999；Coe，2003；Catuneanu，2006）提倡在层序地层单元定义和对比中使用这两个概念性的时间界面。

为了说明问题，笔者构建了几个用于说明各种物理界面之间相互关系的模型横剖面，并在其中加上强制海退面（BSFR）和可对比整合面（CC）代表与地理位置及初始基准面上升速率相关的三个不同场景：

（1）缓坡背景、快速初始基准面上升（图8.2）；
（2）缓坡背景、缓慢初始基准面上升（图8.3）；
（3）陆架/陆坡/深海平原背景、能够形成陆坡上超面（SOS）及快速初始基准面上升（图8.4）。

陆架/陆坡/深海平原背景缓慢初始基准面上升情况下，前述两个假设的时间界面与六个物理界面的关系本质上与图8.4所示的完全相同。但要强调的是，在上述模型中时间界面的位置是由理论上推理得到的，而不是基于经验观测的证据。

强制海退面（BSFR）

Hunt 和 Tucker（1992）定义强制海退面为"一个等时的地层界面，分隔相对海平面缓慢上升时沉积的较老地层和基准面下降时沉积的较新地层"。简而言之，强制海退面是在基准面开始下降时形成的时间界面。Plint 和 Nummedal（2000）、Catuneanu（2006）、以及 Catuneanu 等人把强制海退面描述为退覆开始时（相当于滨岸处基准面开始下降）垂直于滨岸方向发育的斜积层（古海底）。从理论上看，强制海退面（BSFR）会在上倾方向被陆上不整合面（SU）削截，并被海退冲刷面

(RSME)上下错开,发育在厚层、向上变粗的陆架和陆坡地层中。向盆地方向,强制海退面趋近最大海泛面(MFS),并有可能下超其上(图8.2至图8.4)。

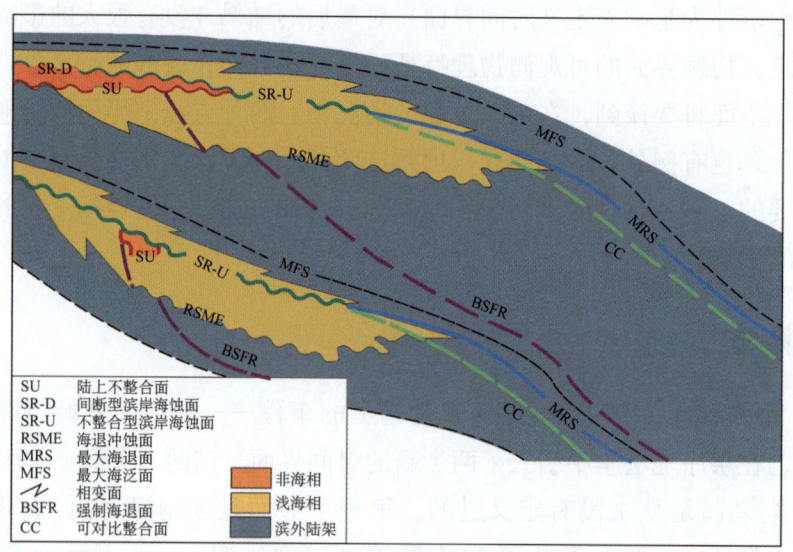

图 8.2　缓坡背景下快速初始基准面上升横剖面示意图

图示说明了层序地层中五类物理界面(SU、RSME、SR、MRS 和 MFS)和两个时间界面(BSFR,CC)。时间界面 BSFR 和 CC 发育在介于物理界面 MFS 和 MRS 之间的向上变粗沉积序列中。BSFR 在上倾方向被 SU/SR-U 削截,CC 在接近 SR-U 一侧被削截。这两个假定的时间界面都不具有沉积特征的明显变化,而且由于都是整合面,所以也无法用地层几何关系来识别

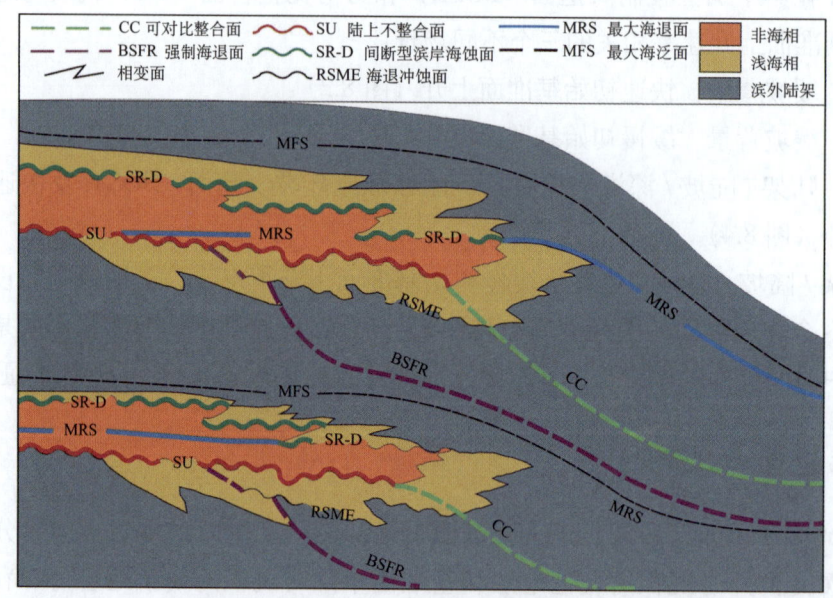

图 8.3　缓坡背景慢速初始基准面上升横剖面示意图

同样地,BSFR 和 CC 发育于介于 MFS 和 MRS 之间的向上变粗沉积序列中。在该模式中,CC 向陆方向的末端与 SU 向盆地方向的末端相接。与快速初始基准面上升模式不同,CC 和 MRS 被厚度较大的沉积物所分割,SR 没有冲蚀 SU 向盆地一侧。而且在这个模式中,假定时间界面 MRS 出现在非海相地层中。与时间界面 BSFR 和 CC 一样,还没有一个具体的在非海相地层中划分时间界面 MRS 的标准

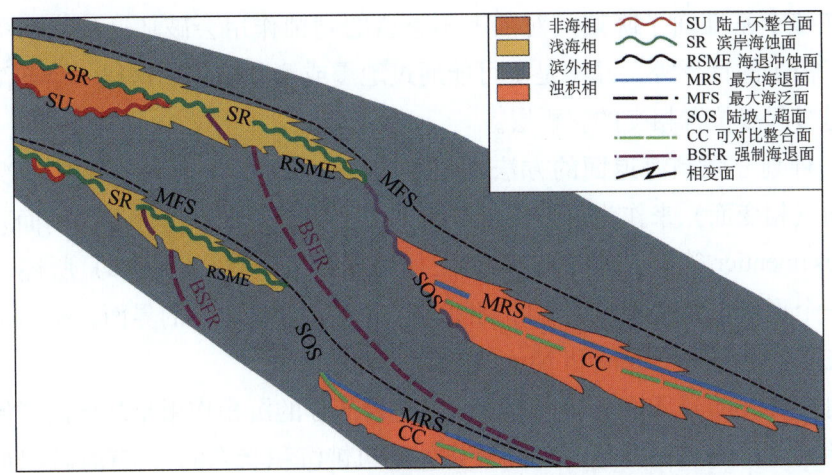

图 8.4　陆架/陆坡/深海平原背景中层序地层六个物理界面
以及两个时间界面之间的几何关系示意图

与其他模式类似，界面 BSFR 上倾方向被 SU/SR-U 削截，该界面发育于介于 MFS 和 MRS 之间向上变粗沉积序列中，在某些情况下，它可以向盆地方向对 MFS 下超。CC 出现在盆地浊积岩内，可以与物理界面 MRS 重合或位于其下，向陆坡上超面（SOS）上超。在该模式和其他模式示意横剖面中，BSFR 和 CC 发育位置是完全依据模式推断的

由于强制海退面是一个时间地层界面，与层序地层学中任何物理界面没有对应关系，所以就出现一个明显的问题，即"这个假设的界面是否具有某些可观察的典型特征以进行较为客观的识别，并用于地层对比和界定层序地层单元？"。

笔者认为，在几乎所有可以想象到的地质背景中都是不可能可靠地识别"第一个退覆斜积层"的。如图 8.2 到图 8.4 所示，强制海退面存在于向上变粗的地层序列中，没有任何沉积特征的变化或是粒度趋势的改变能够指示或在理论上表明该界面的存在，从而能够进行识别。除了 Posamentier 等（1992）、Embry（1995）、Posamentier 和 Allen（1999）、Plint 和 Nummedal（2000）、以及 Catuneanu（2006）以外，还有很多研究者都注意到，强制海退面在盆地的绝大部分地区都缺乏可识别的标准。Posamentier 等人（1993，第 1695 页）写到："这个界面变成了一个隐秘的界面，几乎不可能被识别，因为其上的临滨沉积为渐变的"。Posamentier 和 Allen（1990，第 90 页）写到："该界面只作为时间面存在，……其精确识别受到限制……"。Plint 和 Nummedal（2000，第 5 页）注意到，这个时间界面"在野外露头或测井上难以或不可能识别"。Catuneanu（2006，第 129 页）写到："强制海退面…在整合的浅水沉积地层序列中不具有任何的物理特征。"因此，研究者普遍地认为强制海退面不具有任何特征的物理属性，使其能够在露头或岩心上被客观地识别。

提倡在层序地层分类中使用强制海退面概念的研究者提出了两种识别该界面的方法。一是通过使用地震资料来识别，Posamentier 和 Allen（1999）及 Catuneanu（2006）认为，强制海退面大致相当于与陆上不整合面向盆地方向开始延伸（退覆开始）处相交的地震反射同相轴。从理论上讲，这种方法有它的优点，但主要问题

在于，在整个基准面下降期间对陆上不整合的剥蚀作用会破坏这种几何关系。因此，除了极少的情形外，几乎是不可能通过地震或测井来识别这样一个与陆上不整合面的退覆起点位置相交的斜积层。

另一种划分强制海退面的方法是利用层序地层物理界面，在某些情况下利用岩性界面（相变面）来作为近似。已有研究者把强制海退面与海退冲刷面联系起来（例如 Posamentier 等人，1993）。但是正如第四章（Embry，2008a）所述，海退冲刷面是一个形成于整个基准面下降期间的、具有高度穿时性的界面，整体上比强制海退面在年代上要晚（Plint 和 Nummedal，2000）。

有时在滨外陆架环境，最大海泛面不整合部分的沉积作用是基准面开始下降之后才开始的（即海退刚开始时外陆架是处于饥饿沉积状态的），有时就把那部分的最大海泛面作为强制海退面（例如 MacNeil 和 Jones，2006；Catuneanu，2006）。实际上，这个界面应该是最大海泛面，而不是一个强制海退面，因为后者是一个等时地层界面，所以不可能是不整合的。从理论上讲，上例中的强制海退面应该是向最大海泛面下超，但是在实际中是很难见到的。

另一个物理界面，即陆坡上超面（SOS）偶尔也被看作强制海退面（Posamentier 和 Allen，1999）。然而，这也是不合适的，因为陆坡上超面总是在基准面开始下降之后才开始发育。而且对于硅质碎屑岩而言，这个"之后"几乎总是需要相当长的时间。此外，陆坡上超面往往是不整合面（Embry，2008b）。

另外两种常用来近似强制海退面的界面包括浊积岩底部的或浅水碳酸盐岩或碎屑岩底部的明显穿时的相变面 [例如 Hunt 和 Tucker（1992），Plint 和 Nummedal（2000），Mellere 和 Steel（2000），Coe（2003），Catuneanu（2006）以及其他许多研究者]。使用海底扇底面近似强制海退界面有一个很明显的陷阱，那就是最早形成的重力流沉积几乎不可能与基准面开始下降时间一致或接近。浊积沉积可能发生于基准面下降期间的任何时候，而且在很多情况下也可能在整个基准面下降期间都不发生（Catuneanu，2006）。应用浅水海相沉积的底面代替强制海退基底面也存在同样的问题（Burchette 和 Wright，1992）。在整个基准面下降期间，相变面随着浅水相不断地向深水相进积而逐渐形成。因此，用不恰当的物理界面替代强制海退面可能会误导研究人员，并对沉积史作出错误解释。

基于上述讨论，最好把强制海退面视为一个纯粹由推理得出的界面，不具备任何特征的物理属性使其能够在露头、岩心及地震剖面上被识别。尽管存在上述的诸多问题，强制海退面还是被作为层序和体系域的边界（Hunt 和 Tucker，1992；Plint 和 Nummedal，2000；Catuneanu，2006）。在后续的有关界定层序地层单元的章节中，笔者将给出使用这个隐蔽的时间界面作为层序地层单元边界的例子。

可对比整合面（CC）

Hunt 和 Tucker（1992）定义可对比整合面为形成于基准面下降至上升转换时期的、与沉积面（倾斜面）重合的"真正时间地层界面"，代表着基准面由下降转为上升时的海底面。与强制海退面相似，可对比整合面也是依赖于模型的，在 Jervey（1988）发表用模型解释层序地层界面成因及几何关系之前没有被明确描述过。除了在海底扇沉积发育区外，Hunt 和 Tucker（1992）并没有给出任何明确的标准用于识别可对比整合面，Helland–Hansen 和 Gjelberg（1994）、Helland–Hansen 和 Martinsen（1996）以及 Catuneanu（2006）对该界面作了详细的说明，并推荐在层序地层分类中使用该界面。

从理论上讲，在缓坡背景缓慢初始基准面上升的情况下（本书第 7 章）（图 8.3），可对比整合面与陆上不整合面（SU）向盆地方向一侧相接，向盆地中心方向，则位于以最大海泛面为底界和最大海退面为顶界的向上变粗地层序列中。在缓坡背景快速初始基准面上升模型中，可对比整合面在不整合型滨岸海蚀面（SR–U）末端被削截（图 8.2）。在陆架 / 陆坡 / 深海平原背景模型中，陆坡上超面得以发育，无论是对慢速初始基准面上升还是快速初始基准面上升，从理论上讲，可对比整合面都将存在于盆地浊积序列中，同时向陆坡上超面（SOS）上超（图 8.4）。

就笔者所知，还没有研究者发表过关于在盆地大范围内识别可对比整合面的客观标准。这并不奇怪，因为在基准面开始上升时，特别是缓慢初始基准面上升时，在绝大部分的海相区域没有发生沉积间断或沉积样式或沉积趋势的改变（图 8.3）。

Catuneanu（2006）注意到可对比整合面缺乏可观测的特征，他写到"主要的问题是在绝大多数露头、岩心和测井上不易识别"。Catuneanu（2006）解释说，可对比整合面"发育于整合的进积序列中（其上下都是向上变粗的），没有任何的岩相或粒级的对比"。Plint 和 Nummedal（2000，第 5 页）也明确地指出可对比整合面的这个问题，简明扼要地写到，"从实用的角度看，这个海相界面将是十分困难甚至不可能进行识别的"。

Catuneanu（2006）和 Catuneanu 等人（刊印中）认为利用地震资料可以识别和对比可对比整合面（CC）。在地震剖面上，可对比整合面（CC）可以认为是这样的一个地震反射轴，它靠近盆地中心，在向陆地方向与一个包络陆上不整合面（SU）和（或）不整合型滨岸海蚀面（SR–U）的地震反射轴相接。Catuneanu（2006）在他的图 4.17 中解释了这样的一个可对比整合面。如图 8.2 所示，当基准面一开始上升就发生海侵时，那么从理论上讲最大海退面（MRS）和可对比整合面（CC）会几乎重合，而且更重要的是，这个最大海退面（MRS）在向陆地方向会与前述陆上不整合面（SU）或不整合型滨岸海蚀面相接。在这种情况下，上述包络可对比整合面的地震反射同相轴必然也会包络最大海退面（MRS）。所以缓坡背景中从地震上识别出的可对比整合面（CC）实际上是最大海退面（MRS）。笔者觉得十有八九的情况都会是这样的，所以我们需要进行岩心和地震资料的综合研究来解决可对比整合面是不是一个具有物理性质以至于能够产生地震反射的真实界面。除了最大海退面外，另一个在地震上经常被当作可对比整合面的物理界面是陆坡上超面（SOS）。之所以会如此，如图 8.4 所示，陆坡上超面的向陆地方向与盆地边缘不整合面（陆上不整合面（SU）或陆上不整合面/不整合型滨岸海蚀面 SU/SR–U）相接，这就造成了一个地震反射同相轴在盆缘地带包络陆上不整合面/不整合型滨岸海蚀面（SU–SR–U），在向盆地中心方向包络陆坡上超面。

Hunt 和 Tucker（1992）建议，浊积序列由向上变粗向向上变细转变的位置可能最接近于可对比整合面，这也有理论依据（Catuneanu，2006）。但问题是，最大海退面同样发育在由向上变粗向向上变细转变的位置。要注意到，Catuneanu（2006）和 Catuneanu 等人（刊印中）不把最大海退面放在上述的转变位置上，而是把它置于地层位置更靠上一些的泥质浊积序列中的某一难以识别的层位，其具体位置则与特定的层序地层模型有关。

上述确定深水地层中最大海退面位置的不同正是体现了两种层序地层工作方法在定义界面上的本质区别。基于物理界面的层序地层工作方法使用确定的、可观测的标准来定义最大海退面（MRS），而基于时间界面的工作方法则使用理论的、与模型有关的不确定层位作为最大海退面（MRS）。

总之，尽管是理论上需要，但可对比整合面是一个缺乏定义特征的层序地层学时间界面，在绝大多数资料上都不能够较为客观地（例如经验观察）识别。然而，尽管有这些不能克服的缺点，可对比整合面还是被推荐构成层序和体系域的边界（Hunt 和 Tucker，1992；Plint 和 Nummedal，2000；Catuneanu，2006）。这将在以后章节中进行讨论。

本章介绍了各种公认的或推荐的层序地层界面，包括物性界面和时间界面。这些界面能够被用来定义各种类型的层序地层单元。其中，基于物理界面界定的层序地层单元（以下简称物理界面层序地层单元）由各种物理界面的组合来界定，而基于时间界面的层序地层单元（以下简称时间界面层序地层单元）则利用前述的各种时间界面及物理界面来共同定义层序边界。同时使用物理界面地层单元和时间界面地层单元，一直是导致研究者在研究工作中使用层序地层单元和进行相互交流上存在混乱的重要原因。在下一章中，笔者将描述和评论各种被推荐使用的、包括基于物理界面界定的和基于时间界面界定的层序类型的实用性。然后，在接下来的章节中讨论体系域和准层序。

层序地层学单元（I）：

基于物理界面界定的层序

引言

在过去的 50 年中，研究者先后提出了三大类层序地层单元，即层序（Sloss 等，1949）、体系域（Brown 和 Fisher，1977）和准层序（Van Wag-oner 等，1988），同时也定义了层序和体系域的具体类型。每种层序地层单元类型都是主要根据界定层序地层单元的界面来定义的。在本章及后续章节中，笔者将介绍层序边界定义的演化过程，同时探讨两类普遍使用的层序类型，还将举例说明 20 多年来文献中出现的各类基于物理特征的层序边界。下一章将介绍时间界面层序边界，并对之前提出的所有层序边界类型进行总结。然后再在接下来的两章中分别讨论体系域和准层序概念。

层序边界定义演化

开始阶段——在我发表的早期文章中涉及了层序地层学发展的历史（Embry，2008a，b）。层序最初被定义为以大型区域不整合面为边界的地层单元（Sloss 等，1949）。Wheeler（1958）全盘继承了这个层序定义，唯一不同是认为以小型不整合面为边界的地层单元同样是层序。尽管 Sloss 等（1949）和 Wheeler（1958）都没有明确作为层序边界的不整合面的具体类型，但是 20 世纪 50 年代至 60 年代都是陆上不整合面或者不整合型滨岸海蚀面作为层序的边界（Wheeler，1968；Sloss，1963）。但是由于这些不整合面绝大多数只局限在盆地边缘，而同时层序的定义又只限于以不整合面作为边界，因此导致绝大多数的层序边界及其界定的层序在盆地主体部位均无法对比（Embry，2008a）。这就极大地限制了利用层序对盆地内部地层进行细分，也导致了 1977 年前层序地层方法都没能广泛应用。

新定义——1977 年具分水岭性质的著作——地震地层学（AAPG 第 26 期专题

论文集），收录了 Exxon 的科学工作者的一系列层序地层学文章。根据地震资料的重要观察为，一个包含盆缘不整合面［类似于 Wheeler（1985）用于划分层序边界的不整合面，以削截为特征］的地震反射同相轴可以继续向盆地中心追踪，在盆地内部该同相轴包含了水下不整合面及整合面（Vail 等，1977）。在此基础上，Exxon 的研究者把"层序是以不整合面为边界的地层单元"修改为"层序是以不整合面或与之可对比的整合面为边界的地层单元（Mitchum 等，1977）"，同时把这样的地层单元称为沉积层序。这个新定义实际上已经把层序边界定义为多种界面的组合，而不是 Sloss 等（1949）和 Wheeler（1958）所认为的单一类型界面。最重要的是，这个修订后的层序定义允许层序边界可以在整个盆地范围内进行对比，从而极大地扩展了层序边界在地层对比及盆地地层细分中的应用。

1988 年，Exxon 科学工作者将沉积层序边界定义修改为"陆上不整合面及与之可对比的整合面"，这就使层序成为一个更特定的沉积单元。与此同时，Galloway（1989）定义了一个明显不同的层序边界，即成因地层层序边界，这种层序边界只包含一个最大海泛面，而且通常是不整合的。这个定义与 Mitchum 等人（1977）提出的层序边界相符，但是与 Van Wagoner 等人（1988）的沉积层序边界显然有很大区别。

通用定义——如前所述，文献中已有两种层序的定义，所以有必要给出一个更合适和通用的层序定义。正是为此目的，Embry 等人（2007）定义层序为"被特定类型的不整合面及与之可对比的界面所界定的地层单元"。这个定义把层序看作是综合的地层单元，层序的特定类型可以依据构成其边界的不整合面类型来定义和命名。

"可对比界面"是这个通用层序定义的重要组成部分，对于把层序边界追踪扩展至整个盆地或盆地的大部分区域非常重要。"可对比界面"是与定义层序的"不整合面"末端相连接的层序地层界面，与不整合面一起构成了一个连续的层序边界（图 9.1）。"可对比界面"可以是不整合面、沉积间断面或整合面，但是为了最大限度地在层序地层格架内进行后续的沉积相分析，"可对比界面"最好是时间分割面或者是低穿时性的。下文将要说明，现有关于层序边界的争论都集中在这个"可对比界面"上。

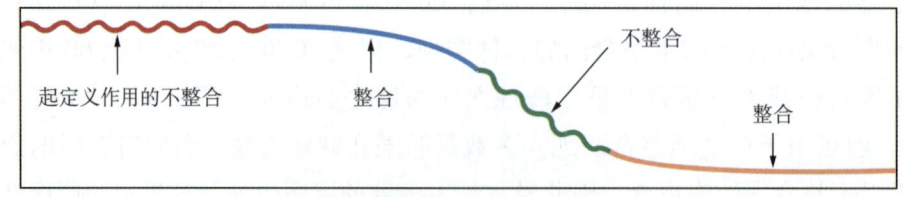

图 9.1　通用界面构成层序边界示意图

层序边界根据特殊类型的不整合面（红色的不整合面）及与其可对比整合面（蓝色的整合面、绿色的不整合面和棕色的整合面）进行定义。可对比界面必须与定义层序的不整合面相接并构成一个连续的层序边界。同一类型的层序其顶底边界具有相同的界面组合。

前已述及，文献中出现了两种不同的层序类型，而且一直沿用到今天。它们分别是Galloway（1989）的成因地层层序和Mitchum（1977）等人/Van Wagoner等人（1988）的沉积层序，下文将详细介绍。将来也可能会出现其他的层序类型。

成因地层层序

成因地层层序是由Galloway（1989）最先提出的，其边界为最大海泛面（MFS）。该类层序最大海泛面的不整合部分就相当于前面通用层序定义中定义特定层序类型的不整合面，而与其可对比的整合面则是该海泛面的沉积间断部分及整合部分。因为最大海泛面是一个极易识别的物理界面，所以这类层序在绝大多数情况下都是可以客观地识别的。

因此，成因地层层序为物理界面层序，是一种非常直白、简单的层序。图9.2所示为在缓坡、快速上升层序模式中的成因层序的边界。显然，此种边界可以在任何层序模式中识别与描述，不管是缓坡背景还是陆架/陆坡/深海平原背景，也不管是缓慢初始基准面上升还是快速初始基准面上升。以后还会看到，这种"一种边界适合所有层序模式"的情形在沉积层序中根本不可能有，这种简单性也是成因地层层序吸引人的特征之一。

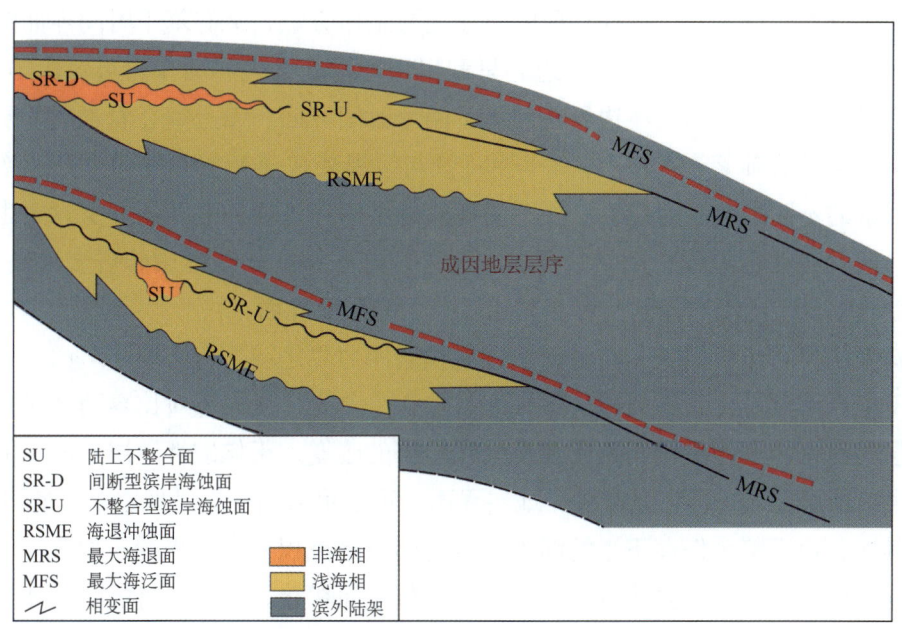

图9.2 具有缓坡背景和快速初始基准面上升速率的层序模式，
成因层序的边界（MFS）用红色线表示，其他所有模式的成因层序边界都是同样的。

成因地层层序唯一的重大缺点是，它通常会在盆缘地带包含有陆上不整合面或是不整合型滨岸海蚀面（图9.2）。仅仅考虑到伴随着这些不整合面和海蚀面的显著时间间断，就可以认为这样的层序在盆地边缘实际上是两个截然不同的成因单元，更不要说有显著的构造不整合存在的情形了。然而，在滨外和深海区域，由于不发育陆上不整合面，最大海泛面就成为在测井和地震上都最易识别的层序界面。很显然，在这样的区域，成因地层层序具有很大的优越性。

沉积层序

Mitchum 等人（1977）最先引入沉积层序概念，随后 Van Wagoner 等人（1988）对其定义进行了修正。定义沉积层序的不整合面是陆上不整合面。毫无疑问，以陆上不整合面作为定义这类层序的边界不整合面是非常必要和有用的，因为陆上不整合面具有时间分割特性，代表着显著的沉积及构造变动。也正是由于陆上不整合面具有这些特征，使得 Sloss 等人（1949）把它作为地层单元的边界而不是把它置于地层单元的内部，从而产生了把层序作为地层单元的概念。

多种沉积层序边界——不同于成因地层层序边界仅仅包含一种界面类型（即最大海泛面），已有文献提出了八种不同的陆上不整合面及与之可对比的界面组合来构成沉积层序的边界。因此，也就不难理解为什么在划分和对比沉积层序边界时会存在着如此多的混乱和矛盾之处。

多种类型的沉积层序边界的提出是由两方面原因引起的。一是如前几章所述，层序地层分类中既有基于物理界面的层序地层工作方法，又有基于时间界面的工作方法。基于物理界面的沉积层序边界只利用层序地层物理界面作为可对比的界面，而基于时间界面的沉积层序边界还利用了两个时间界面。二是存在着不同的层序模式，包括缓坡或陆架/陆坡/深海平原背景与缓慢或快速初始基准面上升速率这两方面因素的不同组合。因此，这些不同模式的层序在边界构成和划分上肯定也是不同的，但是在使用过程中却常常混淆。另外，这些模式是以硅质碎屑岩为基础的，碳酸盐岩中也会出现同样的具有相同相互关系的层序界面。

有效的可对比界面——在讨论上述沉积层序边界之前，有必要简单回顾一下与陆上不整合面可对比的界面的具体标准是什么。首先，任何可对比界面都必须是层序地层界面，代表着沉积间断或者是沉积趋势的改变。正如磁性地层界面不能用作界定生物地层单元一样，只有层序地层界面才可以用来构成层序地层单元的边界。

其次，由于整个保存下来的陆上不整合面只是沉积层序边界的一部分，因此必须有一个可对比界面在盆地方向与该陆上不整合面相接，然后所有的可对比界面再相互连接在一起，构成一个连续的层序边界（图9.1）。此外，由于陆上不整合面在基准面下降结束时达到其向盆地中心延伸的最远端，所以可对比界面一定是在基准面上升刚开始或者开始后不久就形成的，这样才能满足其要与定义层序的不整合面相连接的要求（图9.3）。如图9.3所示，在基准面上升之前或是上升之后很久才形成的界面，就不能与陆上不整合面向盆地方向的终端相接，所以无法形成一个包含整个陆上不整合面的连续的沉积层序边界。

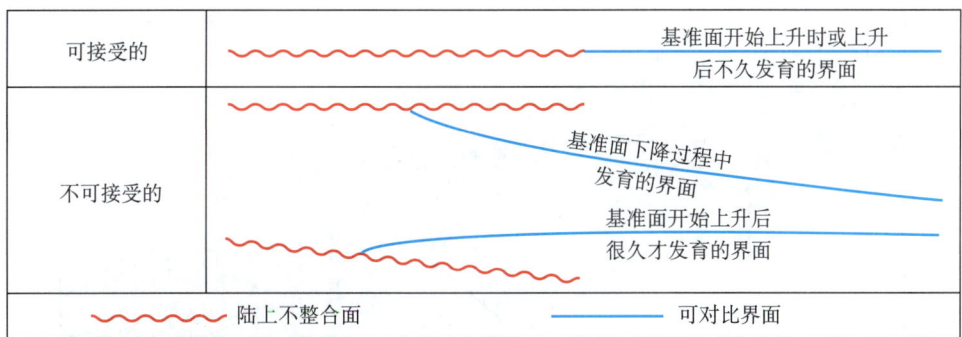

图9.3 按照定义，沉积层序边界必须包含一个陆上不整合面的全部，而且必须有一个与其可对比的界面在盆地方向与该不整合面相连接，从而构成一个连续和完整的层序边界。因为陆上不整合面在基准面下降结束时达到其位于盆地中心部分的最远端，所以以其可对比的界面必须在随后的基准面一开始上升或上升后不久就形成，只有这样才能与陆上不整合面的末端相连接。而在基准面开始上升之前或之后很久形成的界面不会与该陆上不整合面的末端相连接，所以不构成连续的层序边界。

在这些基本概念和准则的指导下，就可以对沉积层序边界的有效性和实用性进行评估。我们先评估基于物理界面的沉积层序边界，然后是基于时间界面的沉积层序边界。

基于物理界面的沉积层序边界（简称物理界面沉积层序边界）

早期的沉积层序边界——Van Wagoner等人（1988）提出了最早的物理界面沉积层序边界。他们讨论了两类不同的层序模式——具缓慢初始基准面上升速率的陆架/陆坡/深海平原层序模式［图9.4（A）］和具缓慢初始基准面上升速率的缓坡层序模式［图9.5（A）］的沉积层序边界。

在Van Wagoner等人的陆架/陆坡/深海平原模式中，陆上不整合面发育在被非海相地层覆盖的陆架上，向盆地端与陆坡上超面（SOS）相接，往盆地中心可追踪到水下扇底部的相接触面图［9.4（A）］。而另外一个略有不同的模式［基于斯瓦尔巴特群岛陡崖露头剖面（Johannessen和Steel，2005）］［图9.4（B）］更好地阐明了Van Wagoner等人的沉积层序边界的特点（即陆上不整合面（SU）/陆坡上超面（SOS）/相变面）。

上述界面组合不能作为沉积层序边界的主要原因在于，该组合包括了海底扇底部的相边界，它是一个岩性界面而不是一个层序地层界面，所以无法成为有效的可对比界面。以后将说明，如果稍稍改变一下该模式的层序边界的位置，就可以得到一个有效的沉积层序边界。

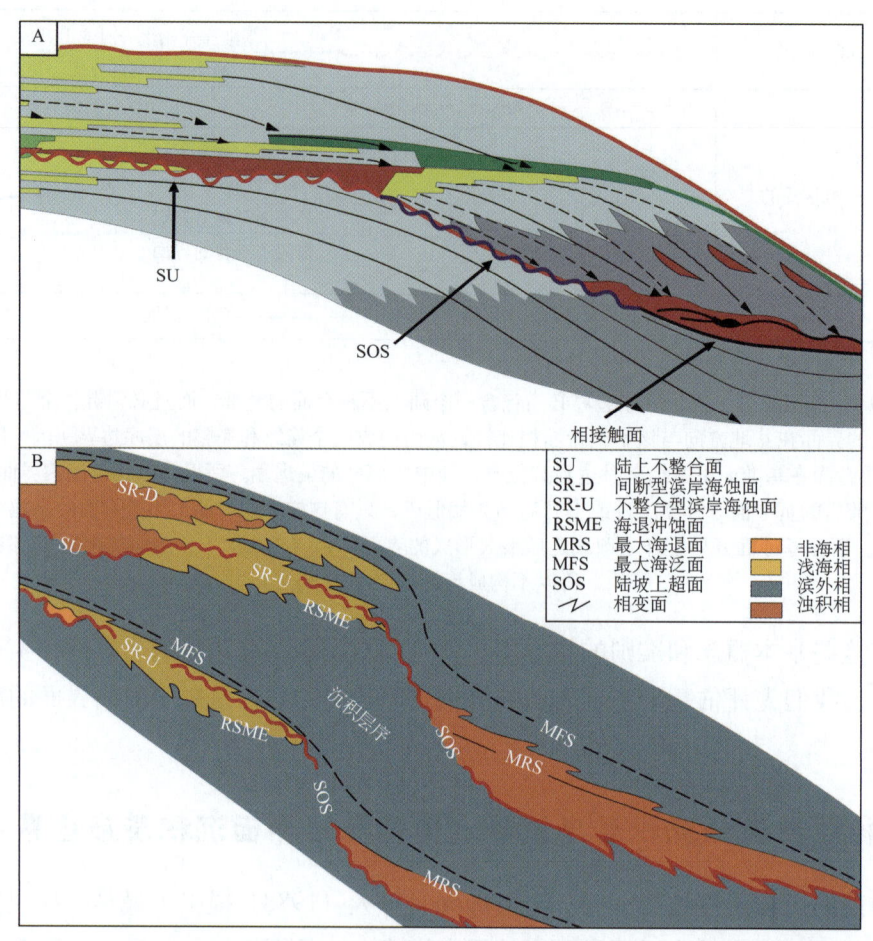

图 9.4A　Van Wagner 等人（1988）提出的陆架/陆坡/深海平原背景下的沉积层序边界，
包括陆架上的陆上不整合面（SU）、陆坡上的陆坡上超面（SOS）和深海平原上
海底扇底部的相变面（修改自 Van Wagner 等人（1988）图 2）。
图 9.4B　建立在斯瓦尔巴特群岛始新统地层露头基础上的陆架/陆坡/深海平原背景下
具缓慢基准面初始上升速率的层序模式（Johannessen and Steel，2005），
图中红色线为 Van Wagner 等人（1988）的沉积层序边界。

而 Van Wagoner 等人（1988）提出的具缓慢初始基准面上升速率的缓坡模式更成问题。如图 9.5（A）所示，该模式沉积层序边界的可对比界面包括一个浅水砂岩底部的相变面和一个位于陆架泥岩内部的无法描述的面。这个无法描述的面或许试图把层序边界置于相当于基准面刚开始上升时的时间界面（CC）上，但遗憾的是，Van Wagoner 等人并没有在他们的文章中进行相关讨论。上述界面组合更不能成为一个沉积层序的边界，因为它包含了一个岩性地层界面（相变面）和一个位于泥岩中的完全未知的和不具有任何特征的界面。

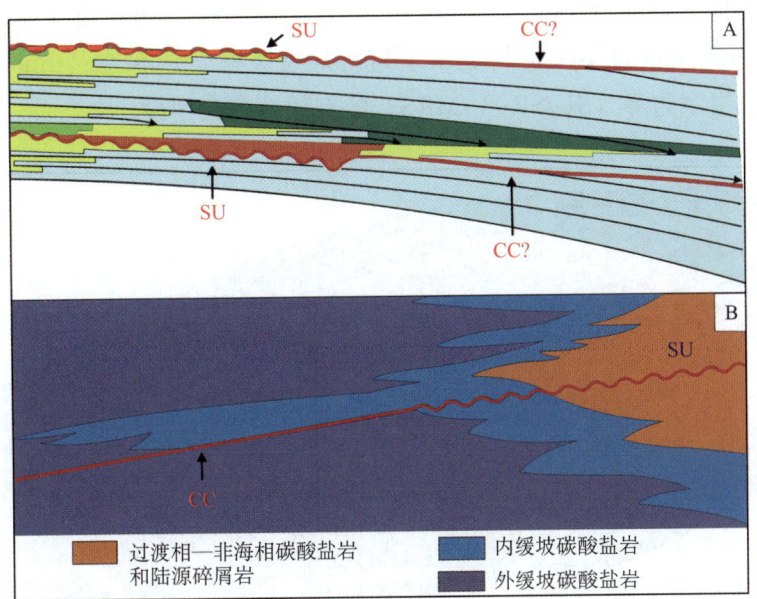

图 9.5A Van Wagner 等人（1988）的缓坡背景下具缓慢基准面初始上升速率的沉积层序边界，包括一个陆上不整合面（SU）、浅水砂岩底部的相变面（黄色）以及陆架泥中的未知面（灰色）。该未知面可能代表基准面初始上升时的等时面（可对比整合面）（修改自 Van Wagner 等人，1988）。

图 9.5B Burchette 和 Wright（1992）推荐的缓坡碳酸盐岩沉积层序的边界（修改自 Burchette 和 Wright，1992）。他们沿袭了 Van Wagner 等人（1988）的用法，将沉积层序的边界沿浅水碳酸盐岩底部的相变面延伸。如此层序边界是无效的，因为相变面是岩性地层界面，而不是层序地层界面。

随后对缓坡背景下层序地层学的研究一般都试图采用 Van Wagoner 等人（1988）的边界。在这些研究中，用一个浅水地层单元的底面作为与陆上不整合面（SU）可对比的界面，无法确定该底面是否确实与该不整合面相连接，而且它也不是一个层序地层学界面。图 9.5（B）给我们展示了一个由 Burchette 和 Wright（1992 年）在研究碳酸盐岩斜坡时提出的无效的沉积层序边界。显然，该文献在无论是碳酸盐岩还是碎屑岩研究中，列举了大量这样的不恰当的沉积层序边界实例。

缓坡背景——缓坡背景中的地层关系一般比陆架/陆坡/深海平原背景中的要简单，这对整个层序地层学都是如此。图 9.6 描述了一个缓坡背景下具快速初始基准面上升特征的层序模式。图 9.6 中很容易识别出该模式的沉积层序边界，陆上不整合面向盆地方向被不整合型滨岸海蚀面（SR–U）所削截，继续往盆地中心，该滨岸海蚀面与最大海退面（MRS）相接。因此，在该例子中，不整合型滨岸海蚀面（SR–U）和最大海退面（MRS）都是与陆上不整合面可对比的界面，三者共同构成了一个连续的、从盆地边缘延伸到盆地内部的沉积层序边界。

这种地层关系是由于快速初始基准面上升导致海侵在基准面开始上升后不久就发生了，滨岸海蚀面（SR）冲蚀了陆上不整合面（SU）向盆地部分。显然，大量的碎屑岩和碳酸盐岩实际资料证实了这种地层关系普遍存在（Embry，2008），以及这种沉积层序边界（SU/SR-U/MRS）的有效性和实用性。

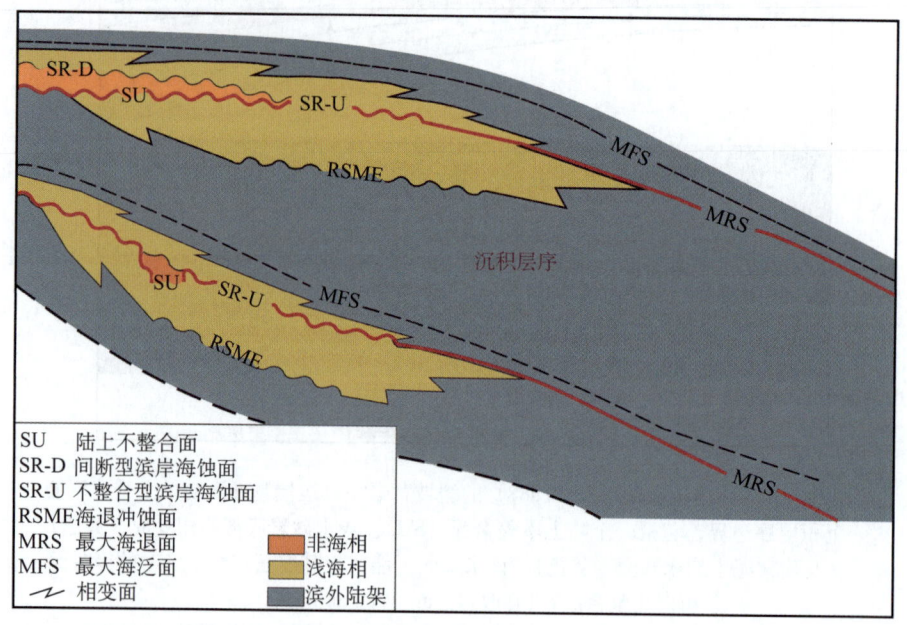

图 9.6　缓坡背景下具快速初始基准面上升速率的层序模式

图中红色线为物理界面沉积层序的边界。由于快速的初始基准面上升速率，滨岸海蚀面对陆上不整合面（SU）向盆地部分形成削截，并且成为一个可对比的界面。滨岸海蚀面向盆地方向与最大海退面相接。如此的沉积层序边界包括陆上不整合面、不整合型滨岸海蚀面和最大海退面（SU、SR-U 及 MRS）。

图 9.7 说明具有缓慢初始基准面上升速率的缓坡背景的层序模式中的地层关系。本例中，海侵过程明显滞后于初始基准面上升，滨岸海蚀面没有对向盆地一侧的陆上不整合面形成削截。如此导致滨岸海蚀面（SR）和最大海退面（MRS）没有构成与陆上不整合面可对比的界面。如图 9.7 所示，在这个模式中，不存在与陆上不整合面可对比的物理界面，沉积层序的边界仅限于陆上不整合面，而不能向超出陆上不整合面范围的盆地方向继续追踪。这种沉积层序边界是有效的，但实用性有限。但是有趣的是，文献中还没有极具说服力的这种地层关系的例子，但是无疑在理论上是存在的，只是有待于发现而已。

陆架/陆坡/深海平原背景——图 9.8 阐述了陆架/陆坡/深海平原背景下的层序模式地层关系。下部的层序边界是在快速初始基准面上升的情况下产生的，而上部的层序边界则是在缓慢的初始基准面上升时形成的。这两个层序边界都是在基准面下降到了陆架边缘的情况下形成了陆坡上超面（SOS）。很显然，对于上述两个层序边界，尽管初始基准面上升的速率不同，但是其主要的地层关系是一样的。

层序地层学单元（I）：基于物理界面界定的层序　9

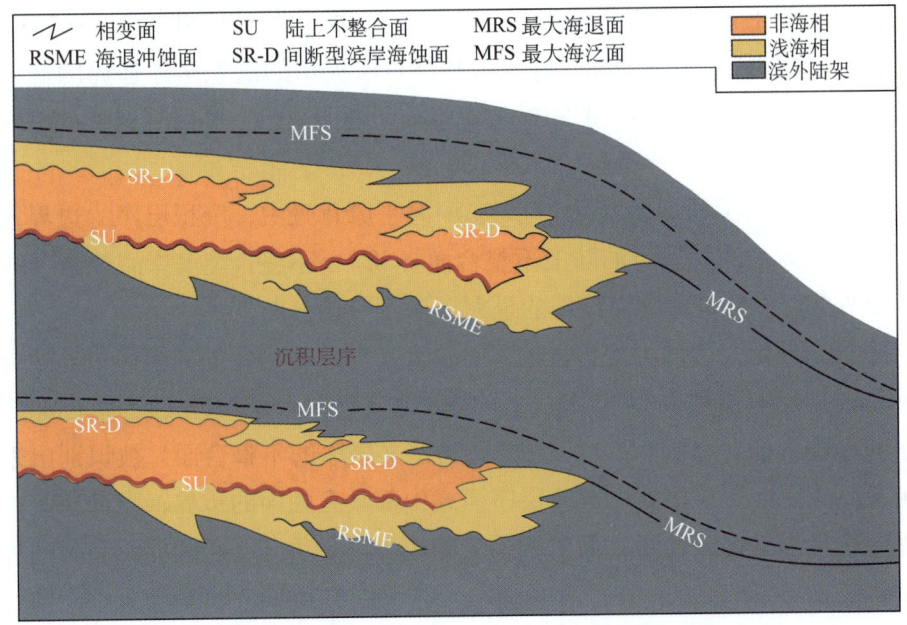

图 9.7　缓坡背景下具缓慢初始基准面上升速率的层序模式
图中红线为物理界面层序边界。该边界只包括一个局限于盆缘的陆上不整合面，
而没有可对比的物理界面，所以不能将层序边界延伸到盆地内部。

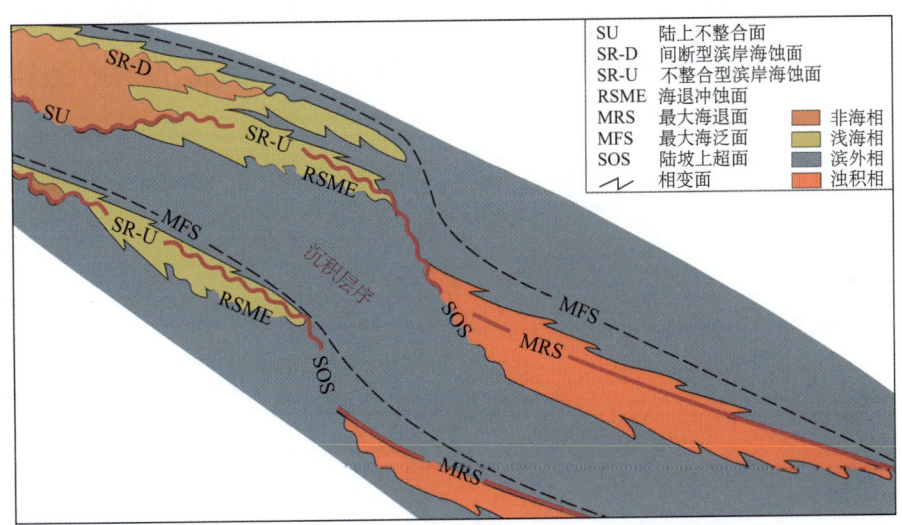

图 9.8　能够形成陆坡上超面（SOS）的陆架/陆坡/深海平原背景下层序模式
图中红线为物理界面层序边界。与陆上不整合面可对比的界面包括不整合型滨岸海蚀面、陆坡上超面和最大海退面。所有这些界面一起构成一个非常有用的沉积层序边界

如图 9.8 所示，定义层序边界的陆上不整面（SU）向盆地方向被不整合型滨岸海蚀面（SR-U）所削截，继续往盆地中心，该滨岸冲刷面与陆架边缘的陆坡上超面（SOS）和发育于海底扇内部并向陆坡上超面上超的最大海退面（MRS）相接。因此，上述不整合型滨岸海蚀面（SR-U）、陆坡上超面（SOS）和最大海退面（MRS）都是陆上不整合面（SU）的可对比界面，它们组合在一起就能够划分从盆

— 67 —

地边缘至盆地中心的沉积层序边界。这个沉积层序边界（SU/SR-U/SOS/MRS）是针对图 9.4（A）中 Van Wagoner 等人（1988）所提出的沉积层序边界的修改，即在盆地内部，把接近海底扇顶部的最大海退面，而不是具有高度穿时性的海底扇底部相变面，作为可对比的界面。

在不发育陆坡上超面的陆架/陆坡/深海平原背景中，沉积层序的边界很容易地就可以沿着盆地边缘发育的陆上不整合面（SU）/不整合型滨岸海蚀面（SR-U）和发育于外陆架、陆坡和深海盆地的最大海退面勾画出来。

层序可以被定义为以特定类型的不整合面及与之可对比的界面为边界的成因地层单元。目前已有两种类型的层序——成因地层层序（以 MFS 的不整合部分为定义层序的不整合面）和沉积层序（以 SU 为定义层序的不整合面）被识别出来并进行了定义。成因地层层序在所有的层序模式中都具有相同的边界，而且这些构成边界的界面通常都是物理界面；而沉积层序的边界则是由几个物理界面和时间界面的组合所构成。

对于一个缓坡背景下的物理界面沉积层序边界，唯一有效和普遍应用的边界界面组合包括陆上不整合面、不整合型滨岸海蚀面和最大海退面。在陆架/陆坡/深海平原背景下，不管是否包含陆坡上超面，类似的界面组合构成的沉积层序边界都是有效的，并具有广泛的应用性。

下一章将评价在缓坡和陆架/陆坡/深海平原背景下沉积层序的时间边界。

层序地层学单元（II）：

基于时间界面界定的沉积层序

引言

如前一章关于基于物理界面界定的层序（简称物理界面层序）中所述（Embry，2009b），层序最好的定义就是"以特定的不整合面及与之可对比的界面为边界的地层单元"。文献中定义了两种不同的层序类型——Galloway（1989）提出的成因地层层序（以 MFS 的不整合部分为定义层序的不整合面）以及 Mitchum 等（1977）和 Van Wagoner 等（1988）提出的沉积层序（以陆上不整合面为定义层序的不整合面）。

对于所有的层序模式，成因地层层序的边界都是基于物理界面确定的，只由最大海泛面构成。然而，沉积层序的边界构成则要复杂得多。上一章讨论了沉积层序的物理边界（Embry，2009b），本章将讨论包含时间界面作为可对比界面的沉积层序的边界构成。这些时间界面沉积层序的有效性和实用性在学术界还存在很大的争议。

基于时间界面的沉积层序边界（简称时间界面沉积层序边界）

在时间界面层序地层工作方法中，两类时间界面被认为是有效的层序地层界面。这两类界面是由 Hunt 和 Tucker（1992）提出的，分别是：（1）强制海退面（BSFR），相当于基准面开始下降时的时间界面（沉积界面）；（2）可对比整合面（CC），相当于基准面开始上升时的时间界面（沉积界面）。这两类时间界面在前一章中已经详细地介绍过了（Embry，2009a）。

使用可对比整合面

时间界面沉积层序可以采用把可对比整合面（CC）作为陆上不整合面的关键

可对比界面，从而把层序边界延伸到盆地中心（Hunt 和 Tucker，1992；Helland–Hansen 和 Gjelberg，1994）。如前面章节所述，在缓慢初始基准面上升的缓坡层序模式里，可对比整合面向盆地边缘与滨岸海蚀面相接（SR–U），而后者对陆上不整合面（SU）形成削截（图 10.1；Helland–Hansen 和 Gjelberg，1994 中的图 2）。因此，在该层序模式中，可对比整合面（CC）是可以接受的陆上不整合面（SU）的可对比界面，这种沉积层序边界（SU/SR–U/CC）在理论上是有效的。

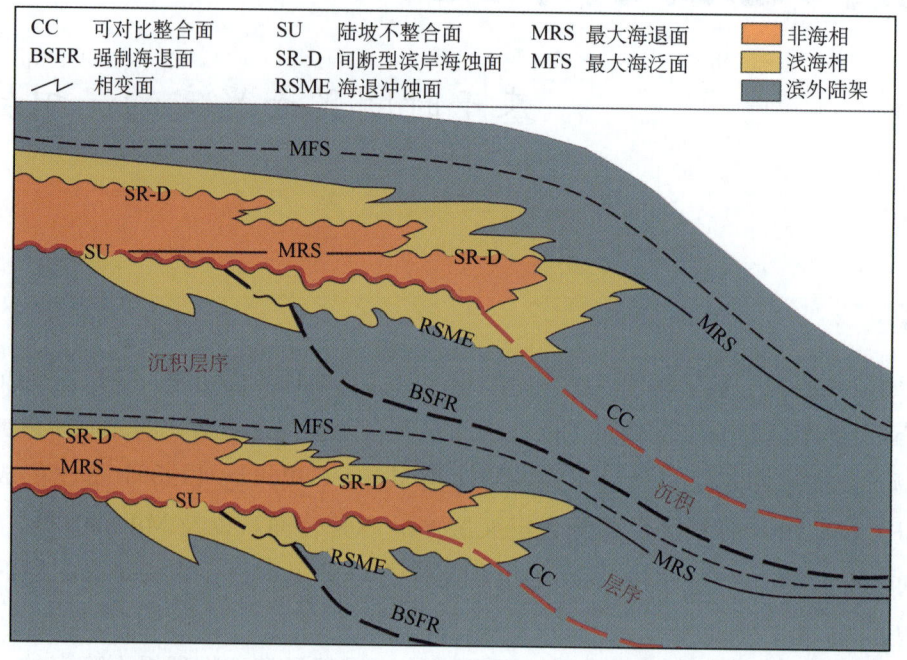

图 10.1 推荐的缓慢初始基准面上升速率缓坡背景下的一种时间界面沉积层序，其边界如红线所示。对此种层序模式，可对比整合面（CC）是唯一理论上可行的陆上不整合面的可对比界面。但是遗憾的是，可对比整合面（CC）不具备明显的物理特征，所以无法进行划分

图 10.2 说明了在快速基初始准面上升的缓坡背景层序模式里，时间界面沉积层序边界使用可对比整合面 CC 作为陆上不整合面的可对比界面的例子（Helland–Hansen 和 Gjelberg，1994 中的图 1）。前已述及（Embry，2009b），对于这样的层序模式，不存在与陆上不整合面可对比的物理界面。但是，在图 10.2 中，由于可对比整合面向盆缘方向与陆上不整合面相接，所以可以构成时间界面沉积层序的可对比界面。这样的沉积层序边界（SU/CC）在理论上也是可行的。

在陆架/陆坡/深海平原模式中，可对比整合面 CC 与最大海退面 MRS 几乎重合（Embry，2009a）。如图 10.3 所示，一个连续的沉积层序边界包括陆上不整合面（SU）、不整合型滨岸海蚀面（SR–U）和陆坡上超面（SOS），所以这样的时间界面沉积层序边界在理论上也是有效的。

尽管沉积层序使用可对比整合面（CC）作为可对比界面在理论上是有效的，但是如此构成的边界的实用性还需进一步商榷。这主要是因为，到目前为止，还

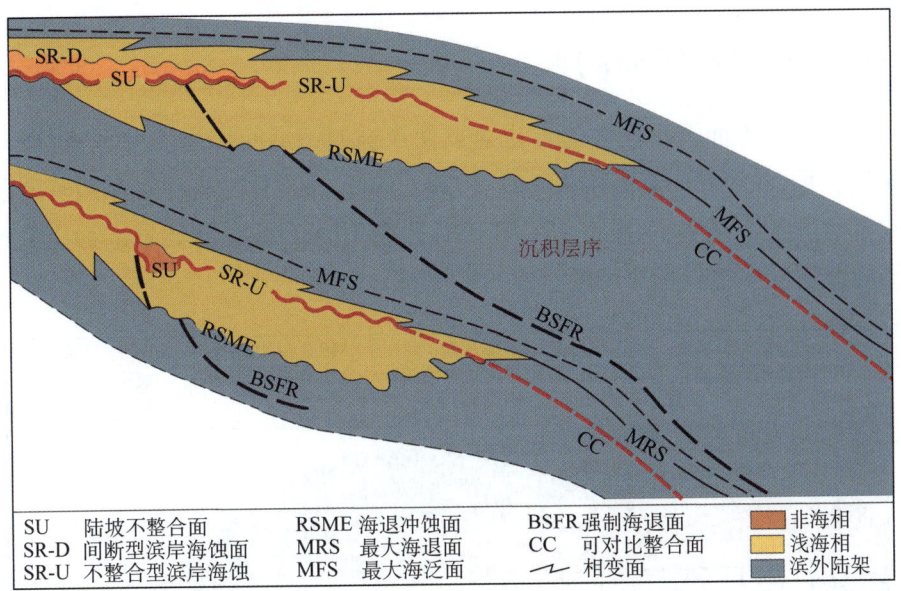

图 10.2 快速初始基准面上升速率缓坡背景下的时间界面沉积层序,其边界如红线所示。陆上不整合面的可对比界面为滨岸海蚀面(SR–U)和可对比整合面(基准面刚开始上升时的时间界面)

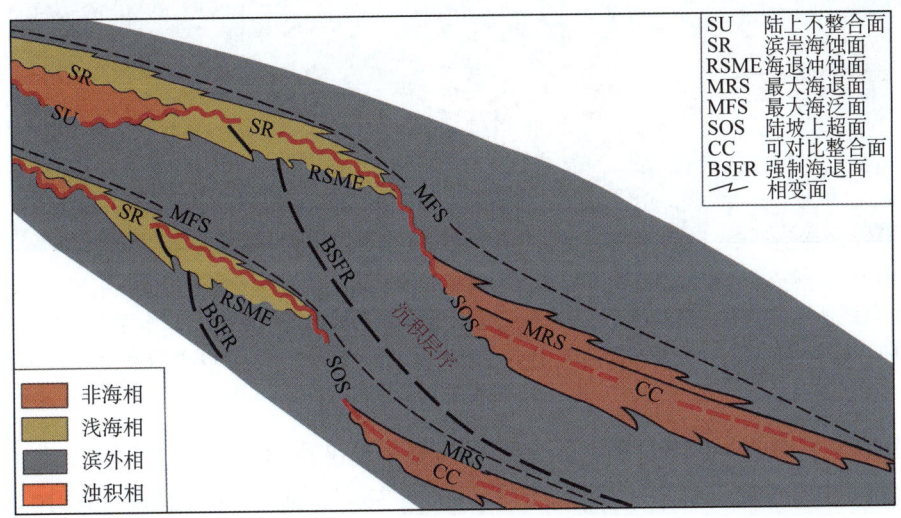

图 10.3 快速初始基准面上升速率陆架/陆坡/深海平原背景下的时间界面沉积层序,其边界如红线所示。陆上不整合面(SU)的可对比界面为滨岸海蚀面(SR–U)、大部分的陆坡上超面(SOS)和可对比整合面(CC)(基准面刚开始上升时的时间界面)

没有文献向我们展示如何在出露很好的地层或者是在岩心资料丰富、井位密集的连井剖面上对可对比整合(CC)面进行划分和对比(Embry,2009a)。单纯在地震剖面上解释可对比整合面(Catuneanu 等人,2008),由于没有岩心或露头资料(rock–based)约束或证实,所以存在问题。如 Embry(2009)所做的讨论,这样的地震反射轴,虽然被解释成只包含可对比整合面,但是实际上可能包含最大海退面(MRS)。总之,在接受可对比整合面(CC)作为实用的沉积层序边界之前,还需要做许多的研究工作。

使用强制海退面（BSFR）

另外，时间界面沉积层序边界也可以使用强制海退面作为陆上不整合面（SU）的可对比界面（Posamentier 和 Allen，1999；Coe，2003）。这种层序边界对所有层序模式都包含相同的界面组合（SU/BSFR）。图 10.4 为缓慢初始基准面上升速率缓坡背景的沉积层序边界构成特征。

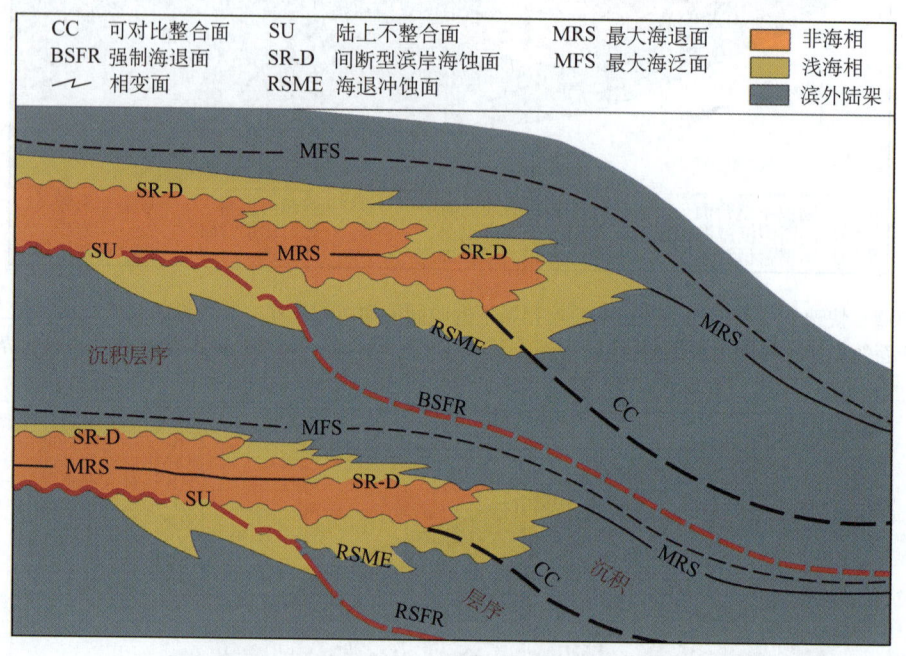

图 10.4　另一个推荐的缓慢初始基准面上升速率缓坡背景下的时间界面界定的沉积层序，其边界如红线所示，使用强制海退面（BSFR）（基准面开始下降时的时间界面）作为主要的可对比界面。从图中可以看出，这种方案是不合理的，因为强制海退面（BSFR）没有与陆上不整合的末端相接

由于强制海退面（BSFR）形成时间远早于基准面开始上升的时间，所以它相交于陆上不整合面（SU）的向陆地方向，而不是盆地方向的端点（图 10.4）。同时，如果发育海退冲刷面（RSME）的话，那么强制海退面（BSFR）会被海退冲刷面（RSME）轻微错断。正如 Embry（2009）所述，由于强制海退面（BSFR）没有明确的物理特征，所以由它构成层序边界还是不可靠。然而，更加重要的是，如图 10.4 所示，由于强制海退面（BSFR）不是与陆上不整合面（SU）的末端相连接，所以不能作为有效的该陆上不整合面的可对比界面。使用强制海退面（BSFR）作为层序边界会把大部分的陆上不整合面包含在层序的内部，而不是在层序边界上。这种地层关系对沉积层序而言是不合适的，也就是说，这种沉积层序边界的构成方案（SU/BSFR）是不可取的。

小结

通过把层序定义为"以特定不整合面及与其可对比的界面所围限的成因地层单元",可以识别出了两种类型的层序——沉积层序[以陆上不整合面(SU)定义层序的不整合面]和成因地层层序[以部分最大海泛面(MFS)定义层序的不整合面]。多种物理界面和时间界面的组合可以用来构成沉积层序的边界。

在时间界面地层分析方法中,可对比整合面(CC)由于代表着基准面开始上升时的时间界面(沉积界面),所以可以被用作定义层序的陆上不整合面的可对比界面,从而把层序边界扩展到盆地中心。尽管可对比整合面(CC)是理论上成立的可对比界面,但是由于它缺乏明显的物理特征,在划分和对比上都较为困难,所以作为沉积层序边界的构成要素,其实用性大打折扣。

另外,时间界面沉积层序界也可以使用强制海退面(基准面刚开始下降时的时间界面)作为其边界的主要部分。但是这种方案的最大缺陷是,强制海退面

表 10.1 已提出的各种构成层序边界的界面组合

方法	层序模式	层序类型	构成层序边界的界面	评价
基于物理的	陆架/陆坡/深海平原 缓慢初始基准面上升 Van Wagoner 等,1988	沉积层序	SU, SR-U, SOS, Base 浊积岩	无效的 包括岩性地层界面
	陆架/陆坡/深海平原 任意速率初始基准面上升 Embry, 2009a	沉积层序	SU, SR-U, SOS, MRS	有效的 实用的
	斜坡 快速初始基准面上升 Embry, 1993	沉积层序	SU, SR-U, MRS	有效的 实用的
	斜坡 缓慢初始基准面上升 Van wagoner 等,1988	沉积层序	SU, Base 浅水单元	无效的 包括岩性地层界面
	斜坡 缓慢初始基准面上升 Embry, 2009b	沉积层序	SU	有效的 不实用的——延伸范围有限
	所有模式 Galloway, 1989	成因地层层序	MFS	有效的 实用的
基于时间的	所有模式 Posamentier and Allen 1999	沉积层序	SU, RSME, BSFR	无效的 BSFR不是一个可对比界面
	斜坡 快速初始基准面上升 Helland-Hansen and Gjelberg,1994	沉积层序	SU, SR-U, CC	有效的 不实用的——隐蔽的可对比整合面
	斜坡 缓慢初始基准面上升 Helland-Hansen and Gjelberg,1994	沉积层序	SU, CC	有效的 不实用的——隐蔽的可对比整合面
	陆架/陆坡/深海平原 任意速率初始基准面上升 Hunt and Tucke,1992	沉积层序	SU, SOS, CC	有效的 不实用的——隐蔽的可对比整合面

(BSFR)不是陆上不整合面的可对比界面,因为它被陆上不整合面所削截,而不是与该不整合面的盆地方向的末端相接。因此,如此构成的层序边界与沉积层序的定义不符。

表10.1总结了前面提出的物理界面层序边界和时间界面层序边界,其中大部分是针对沉积层序的。物理边界是应用最广泛的,包括成因地层层序的最大海泛面(MFS),以及作为沉积层序界面组合的陆上不整合面(SU)/不整合型滨岸海蚀面(SR-U)/最大海退面(MRS)组合[包含或者不包含陆坡上超面(SOS)]。其他的层序边界要么使用不合适的可对比界面[如强制海退面(BSFR)和相变面],要么包含了在绝大多数情况下都不能识别的可对比界面[如可对比整合面(CC)]。

下一章将讨论层序的构成单元——体系域,也定义了以时间面界定的体系域和以物理面界定的体系域,对每一类中的主要体系域,都会就其在成图和相互交流方面的合理性及实用性进行详细讨论和评估。

11

层序地层学单元（Ⅲ）：

体系域

引言

层序是层序地层学中主要的地层单元，前两章（Embry，2009a，b）已经定义了两种类型层序。沉积层序和成因地层层序都可以进一步细分为下一级构成单元——体系域。如层序一样，体系域也需要以特定的、可识别的层序地层界面来定义其边界，这样才能使其具有有效性和实用性。

Van Wagoner 等人（1988），Posamentier 和 Vail（1988）提出层序可以进一步地根据其内部发育的层序地层界面细分为构成单元，从而推进了层序地层学的发展。把层序进一步划分为构成单元，增强了层序地层的可成图性，有利于研究者相互之间的交流，也提高了层序地层学的精度。层序的构成单元被称为体系域。体系域的概念最初是 Brown 和 Fisher（1977）定义的，为"一系列同期沉积体系的集合体"。这个定义并没有明确构成体系域边界的界面类型，但是暗示了体系域是年代地层单元，其边界是时间界面或时间分割面。Van Wagoner 等人（1988）采用了 Brown 和 Fisher（1997）的定义，认为体系域是通过它们在层序内部的位置以及准层序组和准层序的叠加样式来定义的。这依然是有问题的，因为层序地层单元最初是通过构成其边界的界面，而不是诸如叠加样式之类的内部特征来定义的。

Embry（2007）把体系域简单明了地定义为"层序的构成单元，以层序地层界面为其边界"。这个通用性的定义毫无疑问地指出体系域是一个层序地层单元，而且允许进一步定义其具体的类型。在尊重 Brown 和 Fisher（1977）最初的体系域定义基础上，这个定义更清楚地指出层序地层界面而非时间界面构成体系域的边界。体系域的这个定义也与前几章中 Van Wagoner 等人（1988，1990）关于层序地层界面通常是根据地层叠加样式变化来划分的用法相符合。重要的是，这个定义还涵盖了常见的叠加样式并不是很清楚的情况。最后，上述定义强调体系域的边界，因此可以应用到任何类型层序的细分，包括将来可能会提出的层序类型。

同其他层序地层单元一样，体系域是通过它的边界界面来定义的的。特定的体系域可以根据构成其上下边界的关键层序地层界面及其可对比界面来定义，强调的是通过构成体系域边界的地层界面而不是体系域内部的地层特征来定义体系域。当然，体系域内部的地层特征，如次级单元的叠加样式和粒度变化趋势，在很大程度上有助于划分其边界界面，因此对也有助于体系域的划分。

同层序边界一样，构成体系域边界的界面也有物理界面和时间界面之分，这就导致基于物理界面界定的体系域（以下简称物理界面体系域）和基于时间界面界定的体系域（以下简称时间界面体系域）之分。物理界面体系域的边界只由物理界面构成，而时间界面体系域的边界则至少包含一个时间界面。下面阐述这两种不同体系域的定义方法。

物理界面体系域

已有两种不同的物理界面体系域分类方案：一是把沉积层序细分为三个体系域；二是把沉积层序细分为两个体系域。

三分体系域——Van Wagoner 等人（1988）和 Posamentier 等人（1988）把沉积层序细分为三个体系域。如第九章所述（Embry，2009），他们提出，沉积层序的边界是由陆上不整合面、陆架上的不整合型滨岸海蚀面（SU/SR–U）、陆坡上的陆坡上超面（SOS）和深海平原浊积岩底部的相变面共同构成，根据其内部出现的海侵面和最大海泛面将其划分为三个体系域（图11.1）。用目前通用的术语，"海侵

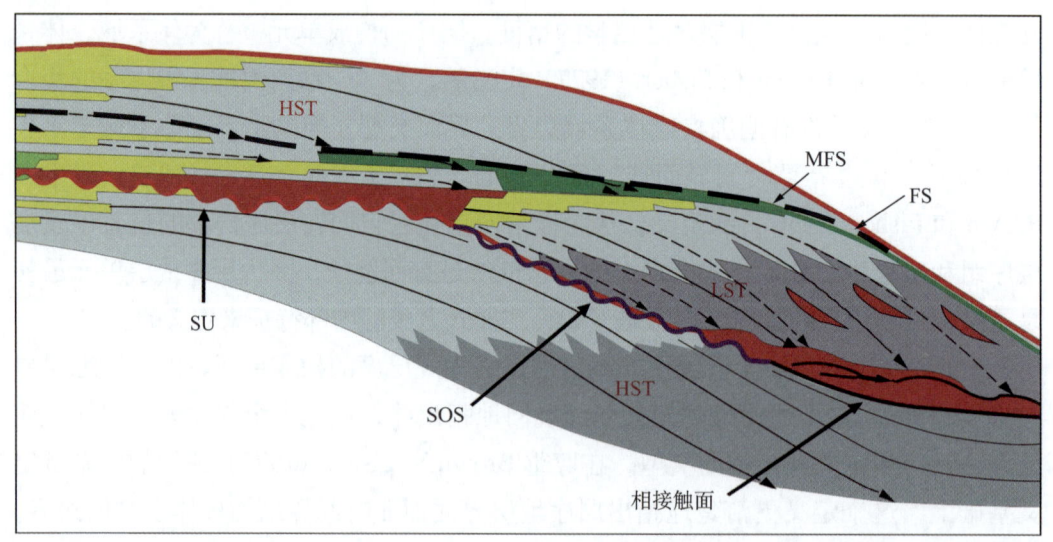

图 11.1　Van Wagoner 等人（1988）的陆架/陆坡背景的沉积层序边界，包括陆架上的不整合面（SU）、陆坡上的陆坡上超面（SOS）和深海平原水下扇沉积底部的相变面（Van Wagoner 等，有修改，1988）。在层序内部识别出两个界面——海侵面（TS）和最大海泛面（MFS），由此将层序三分为低位体系域（LST），海侵体系域（TST）和高位体系域（HST）

面"相当于最大海退面（MRS）和沉积间断型滨岸海蚀面（SR-D）这二者的组合。

最下面的体系域称为低位体系域（LST），其底部以陆架上的陆上不整合面（SU）、向盆地方向的陆坡上超面（SOS）和浊积岩底部相变面为边界，其顶界为"海侵面"（SR-D+MRS），内部既包含海相地层，也包含非海相地层。中部的体系域称为海侵体系域（TST），底界为海侵面（SR-D+MRS），顶界为最大海泛面（MFS）。最上面的体系域称为高位体系域（HST），底部以最大海泛面为界，顶部以层序边界（SU/SOS/相变面）为界（图11.1）。

Van Wagoner等人（1988，1990）的低位体系域和高位体系域在定义和用法上还存在着一些争议。主要的问题是浊积岩底部的高度穿时性的相变面不是一个很好的构成层序或体系域边界的界面（Embry，2009），它既被用作低位域的底部接触面，又被用作高位体系域的顶部接触面。按照定义，这两个体系域有部分构成其边界的界面不是层序地层界面。另外，在盆地边缘，使用间断型滨岸海蚀面（"海侵面"的向陆部分）作为低位体系域的顶界也是有争议的，因为该滨岸海蚀面是高度穿时的。

另外一个问题是关于缓坡背景下的三分体系域应用。在缓坡背景下，高位体系域与其上低位体系域之间的共用边界是一个层序边界。笔者（2009）已讨论过，Van Wagoner等人（1988，1990）和许多其他研究者（如Burchette和Wright，1992）把这个边界放在了具有高度穿时性的进积浅水相底部的相变面上，而这样构成的边界是无法定义体系域或层序边界的。

两分体系域——对于使用高度穿时的相变面或间断型滨岸海蚀面作为体系域边界的问题，Embry（1993）和Embry及Johannessen（1993）提出了一个解决办法。在缓坡和陆架/陆坡/深海平原背景下，出现在沉积层序内部的唯一一个低穿时的层序地层物理界面就是最大海泛面（MFS），据此，Embry（1993）提出把沉积层序细分为两个体系域：下部的Van Wagoner（1988）等人所定义的海侵体系域（TST）和上部新定义的海退体系域（RST）（图11.2、图11.3）。

根据构成其上、下边界的关键层序地层界面可以很好地定义这两个体系域：海侵体系域（TST）是以可对比界面为底界、以最大海泛面及其可对比界面为顶界的层序地层单元；与之相反，海退体系域（RST）是以最大海泛面及其可对比界面为底界、以最大海退面及其可对比界面为顶界的层序地层单元。

按照定义，海退体系域包括了Van Wagoner等人（1988）的低位体系域和海侵体系域，这是因为不再把高位体系域（HST）和低位体系域（LST）之间的相变面作为二者边界。另外，正如Suter等人（1987）和其他研究者已经认识到，最好把Van Wagoner等人（1988，图11.1）归入低位体系域的非海相地层重新划分到海侵体系域内（图11.2、图11.3）。

成因地层层序的边界构成界面只有最大海泛面（Embry，2009a），与沉积层序相同，可以根据其内部的陆上不整合面（SU）、不整合型滨岸海蚀面（SR-U）、陆

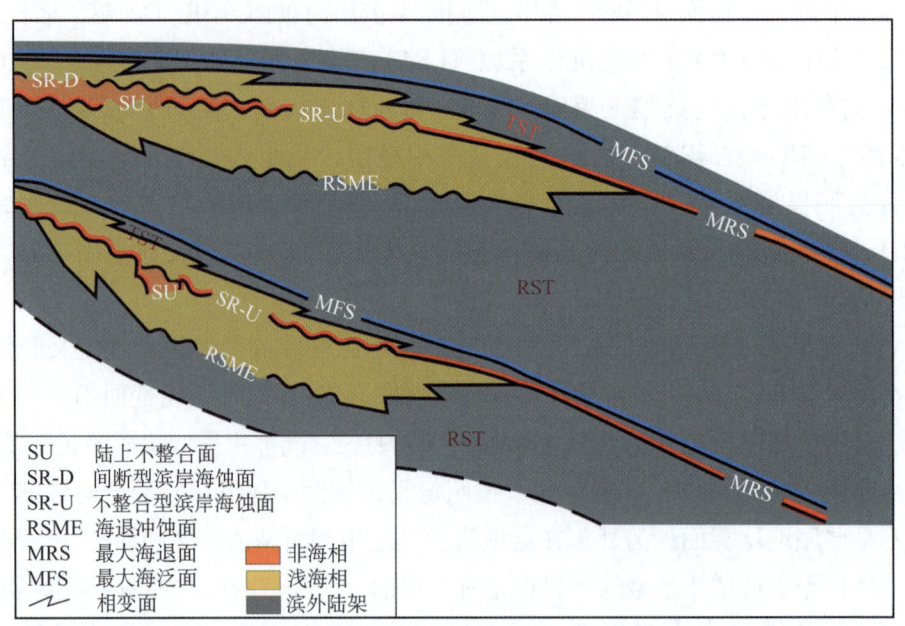

图 11.2 快速初始基准面上升速率缓坡背景物理界面沉积层序的边界构成（SU、SR-U、MRS）
层序内部低穿时的最大海泛面（MFS）把层序划分为两个体系域——海侵体系域（TST）和海退体系域（RST）。
注意，所有介于陆上不整合面（SU）和最大海泛面（MFS）之间的非海相地层都被置于海侵体系域内

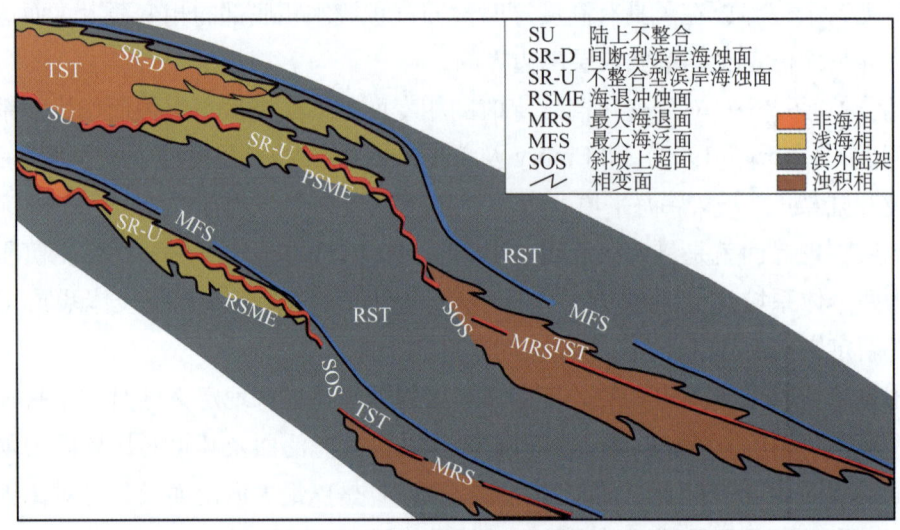

图 11.3 陆架/陆坡/深海平原背景下物理沉积层序的边界构成
（SU、SR-U、SOS、MRS）
层序内部的最大海泛面把层序两分为海侵体系域（TST）和海退体系域（RST）

坡上超面（SOS）和最大海退面（MRS）所构成的复合边界将其划分为上述的两个体系域。

总之，在几乎所有的情况下，沉积层序和成因地层层序都可以被细分为两个物理界面体系域——海侵体系域和海退体系域，二者可以客观地加以识别。

时间界面体系域

在时间界面层序地层分析方法中可以识别出两类抽象的时间界面（Embry，2009c）：相当于基准面开始下降时的强制海退面（BSFR）和基准面开始上升时的可对比整合面（CC）。时间界面体系域的定义既要使用物理界面，同时也要使用抽象的时间界面（BSFR 和 CC）来构成边界。目前提出了两种沉积层序的时间界面体系域的划分方案：一是四分体系域，二是三分体系域。

四分体系域——Hunt 和 Tucke（1992）提出把沉积层序自下而上划分为四个体系域（图 11.4），分别命名为低位、海侵、高位和强制海退体系域，随后 Helland-Hansen 和 Gjelberg（1994）阐述了这种划分方案的理论基础。体系域的边界界面随其所处的地理背景（缓坡或者陆架/陆坡/深海平原背景）的差异以及基准面初始上升速度的快慢而有所不同。因此，最好是根据在所有模式中均普遍发育的构成其上、下边界的关键层序地层界面及其可对比界面来界定这些体系域。用来定义体系域上、下边界的四个关键界面有两类：一是时间界面，包括可对比整合面（CC）和强制海退面（BSFR），二是物理界面，包括最大海退面（MRS）和最大海泛面（MFS）。在此基础上，Hunt 和 Tucker（1992）将这四个体系域分别定义如下：

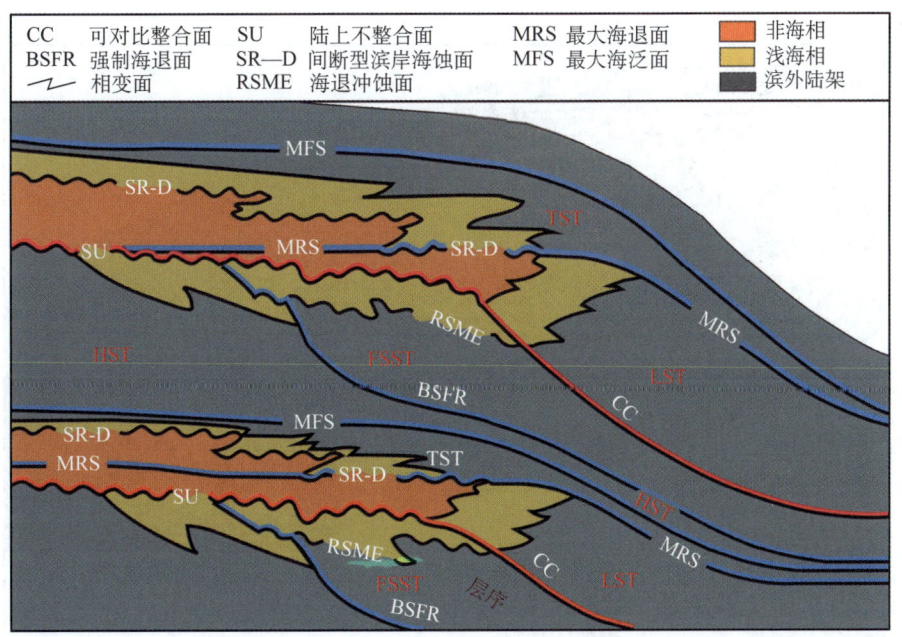

图 11.4 Hunt 和 Tucker（1992）提出的缓慢初始基准面上升速率缓坡背景下的时间界面沉积层序的边界构成（SU、CC）

层序内部包含三个层序地层界面——最大海退面（MRS）、最大海泛面（MFS）和强制海退面（BSFR），将该时间界面层序分为四个体系域：三个时间界面体系域 [高位体系域（HST），下降期体系域（FSST），低位体系域（LST）] 和一个物理界面体系域——海侵体系域（TST）

(1) 低位体系域（LST）：以可对比整合面（CC）及其可对比界面为下边界，以最大海退面（MRS）及其可对比界面为上边界的层序构成单元。低位体系域是一个时间界面体系域。

(2) 海侵体系域（TST）：以最大海退面及其可对比界面为下边界，以最大海泛面（MFS）及其可对比界面为上边界的层序构成单元。海侵体系域是一个物理界面体系域，由 Van Wagoner 等人（1988）最早定义。

(3) 高位体系域（HST）：以最大洪泛面及其可对比界面为下边界，以强制海退面（BSFR）及其可对比界面为上边界的层序构成单元。高位体系域是一个时间界面体系域。

(4) 强制海退体系域（FRST，FSST）：以强制海退面（BSFR）及其可对比界面为下边界，以可对比整合面（CC）及其可对比界面为上边界的层序构成单元。强制海退体系域是一个时间界面体系域。

总之，Hunt 和 Tucker（1992）的分类方案包括了三个时间界面体系域（LST、HST 和 FRST）和一个最初由 Van Wagoner 等人（1988）定义的物理界面体系域（TST）。图 11.4 所示为缓坡背景下具缓慢基准面初始上升速率的层序模式中所划分的四个体系域，而图 11.5 为缓坡背景下具快速基准面初始上升速率模式的层序。注意在上两个模式中，四个体系域的关键界面是一样的，但是与其可对比界面在某些情况下却是不同的。在陆架/陆坡/深海平原背景的层序模式中同样如此。

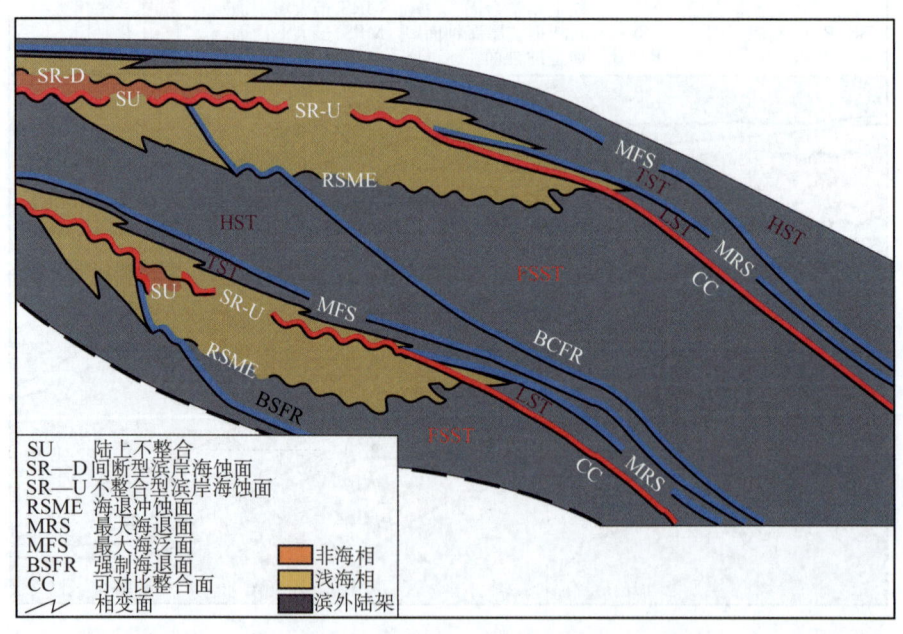

图 11.5　Hunt 和 Tucker（1992）提出的快速基准面初始上升速率缓坡背景下的时间界面沉积层序的边界构成（SU, SR–U, CC）（图中红线所示）

可以划分出如图 11.4 中所示的具有相同关键定义界面的四个体系域。但是请注意，关键界面的可对比界面与图 11.4 中的不同。例如，在本图中与 CC 可对比的界面为 SU 和 SR–U，而在图 11.4 中仅为 SU

在 Hunt 和 Tucker（1992）的分类方案中，除 TST 之外所有的体系域都使用一个或两个时间界面（CC，BSFR）作为其边界的一部分（图 11.4）。正如 Embry（2009c）所言，这些时间界面没有明显的物理特征，因此在绝大多数情况下都不能够客观地进行划分。使用这种包含时间界面的边界可能会存在问题，因此，笔者不推荐使用 Hunt 和 Tucker（1992）所定义的 LST、HST 和 FRST（FSST）。

三分体系域——第二类时间界面体系域划分方案是 Posamentier 和 Allen（1999）提出的。正如在前面关于时间界面层序的章节中已提到的（Embry，2009b），Posamentier 和 Allen（1999）把构成沉积层序边界的可对比界面放在相当于基准面初始开始下降时的时间界面强制海退面（BSRF）上，从而将沉积层序划分为三个体系域：低位体系域、海侵体系域和高位体系域（图 11.6）。

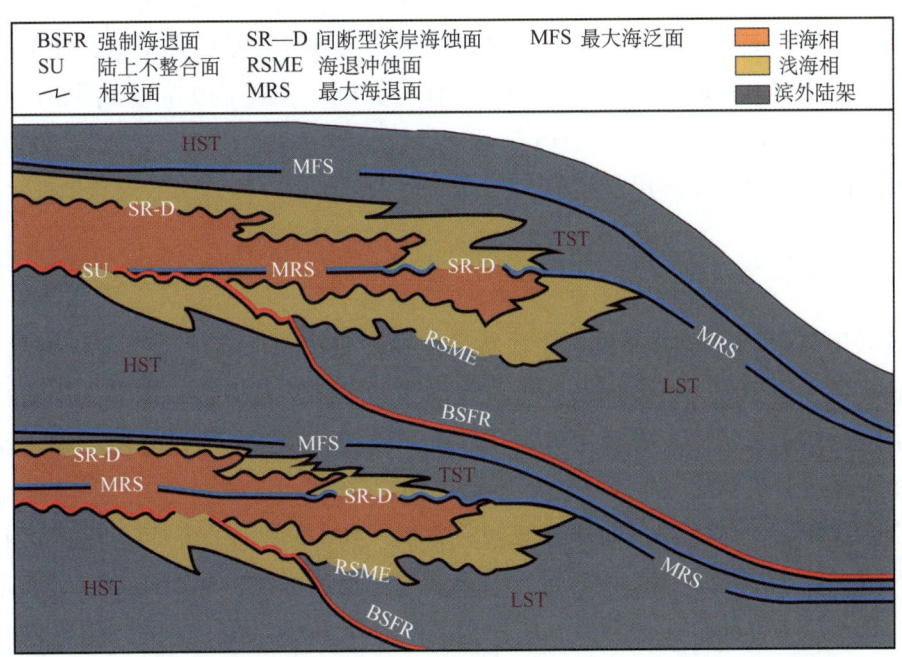

图 11.6　Posamentier 和 Allen（1999）提出的缓慢初始基准面上升速率缓坡背景下的时间界面沉积层序的边界构成（SU、BSFR）（图中红线所示）

根据其内部两个可识别的层序界面——最大海退面（MRS）和最大海泛面（MFS），Posamentier 和 Allen（1999）将该沉积层序分为三个体系域——低位域（LST）、海侵域（TST）和高位域（HST）。TST 和 HST 继承了最原始的定义，但是 LST 的下边界改为以 BSFR 作为关键界面

在这个三分体系域分类方案中，海侵和高位体系域继续沿用 Hunt 和 Tucker（1992）的海侵和高位体系域定义，原因在于他们都使用相同的关键界面来定义这两个体系域的上下边界。只有低位体系域的定义是全新的，与 Van Wagoner 等人（1988）及 Hunt 和 Tucker（1992）等人所定义的低位体系域（LST）都不同。

Posamentier 和 Allen（1999）定义低位体系域为以强制海退面及其可对比界面为底界，以最大海退面及其可对比界面为顶界的层序构成单元（图 11.6）。请注意，Posamentier 和 Allen（1999）并未使用可对比整合面作为体系域的边界。尽管如此，他们的确指出过，可能通过识别其内部的可对比整合面（CC）而把低位体系域（LST）细分为"早低位体系域"和"晚低位体系域"。

正如之前所讨论的那样，Hunt 和 Tucker（1992）所定义的高位体系域，尽管也被 Posamentier 和 Allen（1999）所采用，但是由于采用了抽象的没有明显物理特征的时间界面（BSFR）作为其边界的一部分，所以在实际应用中受到限制。Posamentier 和 Allen（1999）修正过的低位体系域存在同样的问题，因为它采用了抽象的 BSFR 作为其下边界。

总之，在时间界面层序地层学研究方法提出的两类体系域划分方案（四分和三分体系域）中，都包含了一个有效和实用的物理界面体系域——海侵体系域。对于低位体系域，最初是以物理界面层序构成单元来定义的，后来又提出了两个不同的时间界面层序构成单元定义方法。但是这两种定义划分方案中都使用了抽象的时间界面（一个使用 BSFR，另一个使用 CC）作为低位体系域下边界的一部分，所以使用受到限制。同样高位体系域（HST）和强制海退体系域（FRST）也都是因为包含了抽象的时间界面从而应用受到限制。

小结

最好把体系域定义为"由层序地层界面所限定的层序构成（结构）单元"。根据构成其上下边界的关键界面及其可对比界面的不同，可以进一步定义特定的体系域类型。例如，海侵体系域被定义为"以最大海侵面及其可对比界面为下边界，以最大海泛面及其可对比界面为上边界的层序构成单元"。

文中提出了四个沉积层序体系域划分方案，其中两个基于时间界面，两个基于物理界面。表 11.1 对这四个方案进行了对比与总结。在物理界面层序地层学分析方法中，Van Wagoner 等人（1988）所提出的三分体系域存在一定的问题，原因在于低位体系域和高位体系域都使用了高度穿时的相变面作为关键界面。不把相变面作为体系域边界的构成界面，同时把 HST 和 LST 合并为海退体系域（RST）（Embry，1993），就产生了更加实用的两分体系域方案。

在时间界面层序地层学研究方法中，分别提出了四分体系域和三分体系域方案。这两个方案都存在问题，因为它们所定义的绝大多数体系域都采用了抽象的时间界面作为其边界的构成部分，从而限制了其实用性。

在目前已提出的诸多体系域中，海侵体系域和海退体系域最为有用，而最为混乱和引起最多争议的则是低位体系域，因为它存在三种不同的定义方法。

表 11.1　目前存在的各类体系域划分方案总结
（红线表示层序边界，蓝线表示层序内部体系域边界）

方法	基于物理的		基于时间的		事件说明
层序模式	Exxon 1988 所有模式 Van Wagoner等 1988	所有模式 Embry,1993	所有模式 Helland-Hansen 及Gjelberg 1994	所有模式 Posamentier 及Allen 1999	事件说明
体系域	MFS　HST	MFS　RST	MFS　HST	MFS　HST	开始海退
	MRS　TST	MRS　TST	MRS　TST	MRS　TST	开始海侵
	LST 相变	RST	CC　LST	晚期 LST 早期	基准面开始上升
			FRST (FSST)		
			BSFR	BSFR	基准面开始下降
	HST	MFS	MFS　HST	MFS　HST	开始海退
	MFS				
	MRS　TST	MRS　TST	MRS　TST	MRS　TST	开始海侵
	LST 相变	RST	CC　LST	晚期 LST 早期	基准面开始上升
			FRST (FSST)		
	HST		BSFR HST	BSFR HST	基准面开始下降

12 层序地层学单元（Ⅳ）：

准层序

引言

层序地层学有三类基本的地层单元——层序，体系域和准层序。前三章我们回顾和讨论了关于定义和划分层序和体系域的各种方案（Embry，2009a，b，c）。本章笔者将要讨论最后一类地层单元——准层序。

原始定义

准层序概念最初是由 Van Wagoner 等人（1988）定义的。按照层序地层学惯例，也是通过其边界的构成界面把准层序定义为"以海泛面为边界的相对整合的地层序列（层和层组）"。为了理解准层序的定义，需要首先定义准层序的边界构成界面——海泛面。

海泛面通常称为洪泛面（FS），是由 Van Wagoner 等人（1988）定义的，即"将新地层与老地层分开的界面，跨越此面水体突然加深"。这个定义并没有告诉我们海泛面究竟是什么，以及如何去识别。所有的层序界面都是分隔新地层和老地层的（地层叠加律），所以只有"水体突然加深"是识别海泛面的唯一依据。考虑到这只是一个解释性的标准，而不是可观察的，所以不适合用来定义物理界面。由于没有更充分的定义，所以到底什么是海泛面以及准层序又是什么都是很令人费解的。

尽管没能给出新的定义，Van Wagoner 等人（1990）还是给出了关于海泛面和准层序的更多说明。他们提供了一个准层序演化模式（Van Wagoner 等人，1990）（图 12.1），把准层序描述为被海侵面所分隔开的向上变浅的地层单元。如图 12.1 所示，Van Wagoner 等人（1990）并没有在他们的准层序中包含任何海侵地层。根据物质守恒定律，正如 Arnott（1995）所言，这个缺少海侵地层的准层序模式是不现实的。

层序地层学单元（Ⅳ）：准层序　12

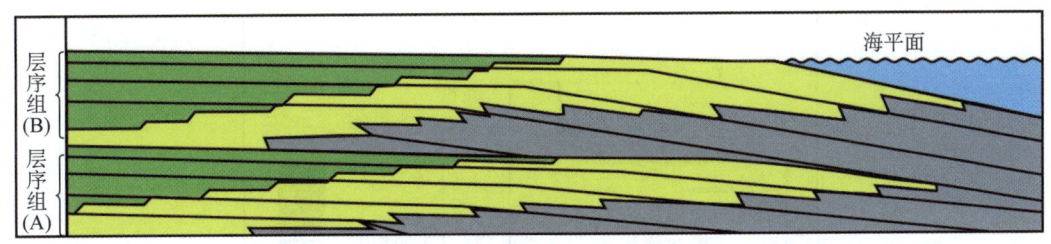

图 12.1　Van Wagoner 等人（1990）提出的准层序模型
每一个准层序都由一套向上变粗的海退地层组成。这个模型的缺陷是缺乏海侵地层
（修改自 Van Wagoner 等人，1990）

Van Wagoner（1988，1990）等人的海泛面和准层序概念所存在的问题将在下面讨论。

作为岩性地层单元的准层序

通过审视 Van Wagoner 等人（1990）展示的各类示意图可以看出，Van Wagoner 等人（1990）所说的海泛面其实就是下部海相砂岩与上部较深水海相页岩或者粉砂岩之间的接触面（图 12.2）。Van Wagoner 等人（1990）进一步说明这个接触面可以是渐变的（整合的），也可以是冲刷接触（沉积间断性的）。如图 12.2 和图 12.3 所示，Van Wagoner 等人（1990）所设想和使用的海泛面能够很恰当地归入海侵序列内发育的相变面。

海泛面（FS）发育于两个层序地层界面之间，即最大海退面（MRS）之上和最大海泛面（MFS）之下（图 12.2 和图 12.3）。很明显，海泛面并不代表沉积趋势的改变，而是在一个沉积变化趋势（如一个向上变细旋回）内的岩性变化（由砂岩/灰岩变为页岩/泥灰岩），所以是一个岩性地层界面，而不是层序地层界面。

真正理解了什么是海泛面，就会认识到准层序是一个由岩性地层界面所限制的地层单元。也就是说，Van Wagoner 等人（1988，1990）所定义和使用的准层序是一个岩性地层单元，而非层序地层单元。另一个问题是，海泛面有时被不恰当地当作是已经被严格定义过的层序地层物理界面，如最大海退面、最大海泛面和滨岸海蚀面（Embry，2005；Catuneanu，2006）。这种做法更加混乱了海泛面和准层序的概念，增加了客观识别的不确定性。而且，在最大海泛面（MFS）恰巧与从砂岩向泥岩突变的岩性面重合的情况下会造成更大的混乱。

把准层序重新定义为层序地层单元

尽管在边界划分和使用上存在很大的不确定性，准层序在层序地层分析中还是得到了广泛的使用。为了纠正这种混乱局面，有必要用真正的层序地层界面定义准层序。图 12.4 中的示意性横剖面说明了两种不同的准层序边界划分方法。

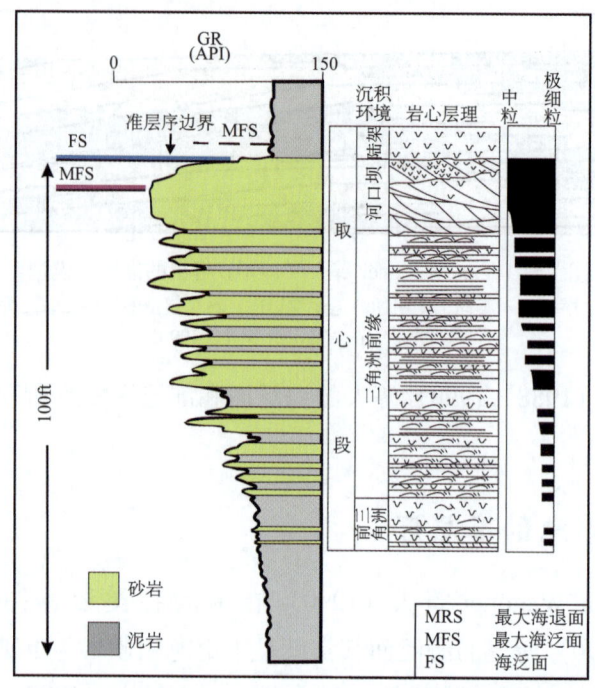

图 12.2　Van Wagoner 等人（1988，1990）定义并图示说明的准层序边界

把准层序边界放在砂岩向页岩/粉砂岩突变的面上，并称之为海泛面。海泛面（FS）位于最大海退面（MRS）之上和最大海泛面（MFS）之下。从定义上看，海泛面是一个岩性面而不是层序地层界面（修改自 Van Wagoner 等，1988，1990）

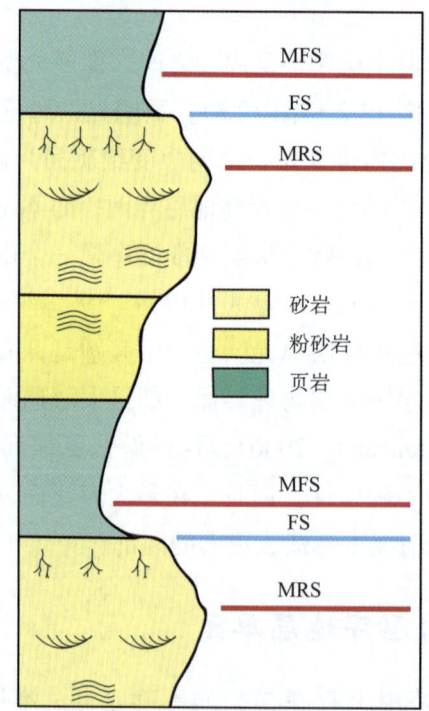

图 12.3　不包含任何不整合面的海侵/海退地层序列的示意图

在该序列中可以划分出两个层序地层界面 [最大海退面（MRS）和最大海泛面（MFS）] 和一个岩性地层界面 [海泛面（FS）]。尽管 Van Wagoner 等人（1988，1990）把准层序边界放在了海泛面位置，但其他人会使用最大海退面 MRS 或最大海泛面 MFS。这种边界划分的差异导致了相当大的对准层序边界位置认识的混乱

层序地层学单元（Ⅳ）：准层序　12

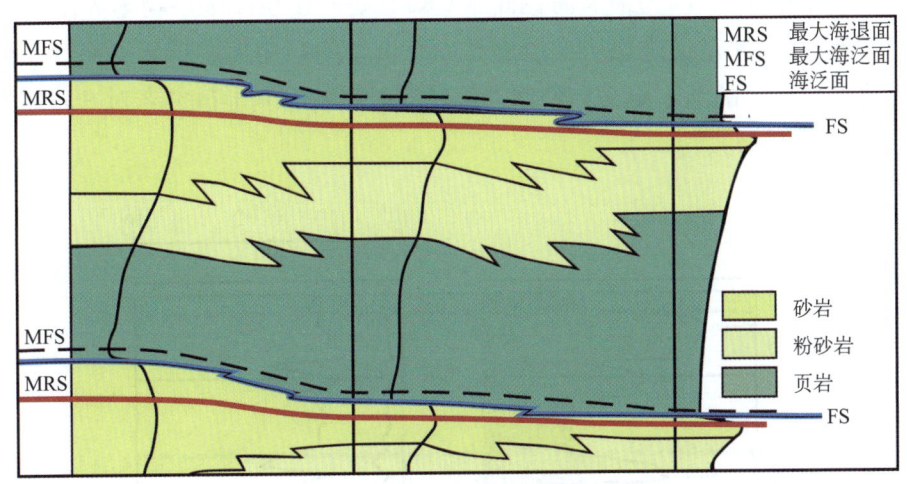

图 12.4　三个海侵/海退序列的对比示意图

Van Wagoner 等人（1988，1990）主张使用穿时的岩性界面即海泛面（FS）作为准层序的边界。但笔者建议使用低穿时的最大海退面作为准层序定义的边界面。以最大海泛面为边界的地层单元已经定义并命名为成因层序

Van Wagoner 等人（1988，1990）把准层序边界放在砂岩向页岩（海泛面）突变的穿时的相变面上，而笔者则认为最好是把准层序边界置于最大海退面上，后者是一个低穿时的层序地层界面。如图 12.5 和 12.6 所示，最大海退面（MRS）位于洪泛面之下。图 12.7 所示为一个准层序的露头剖面，准层序以最大海退面（MRS）作为边界。相对于 Van Wagoner 等人（1988，1990）把形成于海侵期、水体变深的强烈生物扰动的块状砂岩置于准层序的顶部，我们把该块状砂岩置于准层序底部。Arnott（1995）也认为应该把准层序的边界置于海侵地层的底部。

图 12.5　图示为小规模的海退－海侵序列的上部地层

最大海退面（MRS）置于在红色风化的、强烈生物钻孔的块状钙质砂岩的底部，与向上变粗、水体变浅的序列（海退）向向上变细、水体变深序列（海进）的转换的面相一致。海泛面（FS）位于海侵地层内强烈生物钻孔砂岩与上覆页岩和粉砂岩之间的分界面上。巴瑟斯特（Bathurst）岛中泥盆 Bird Fiord 组

　　笔者建议准层序定义为"以最大海退面（MRS）及其可对比界面为边界的小

— 87 —

规模层序地层单元"。因为最大海退面（MRS）是一个层序地层物理界面（Embry，2002，2008），如此定义确保了准层序是一个真正的层序地层单元。而且，该定义并没有改变准层序的基本涵义和使用功能，同时也符合其他研究者对准层序的用法（例如 Arnott，1995）。

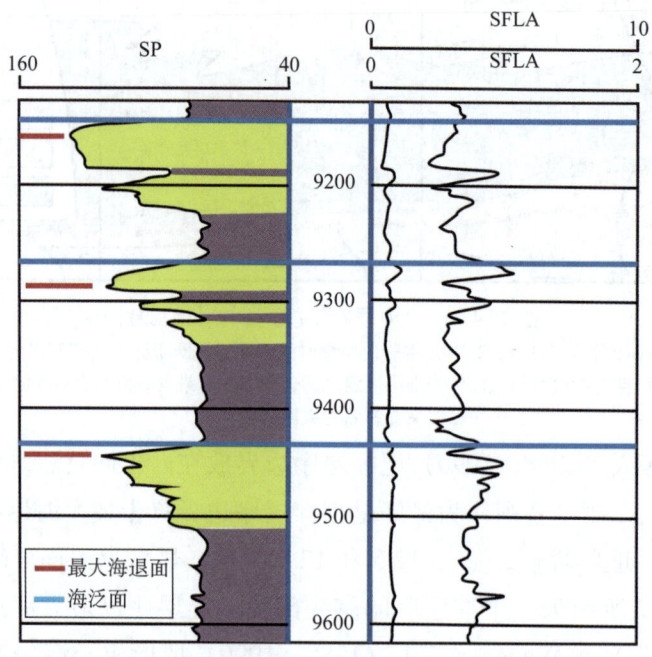

图 12.6　说明 Van Wagoner 等人（1990）的准层序边界（海泛面 FS）（图中蓝线）与笔者推荐的最大海退面（MRS）（图中红线）

（修改自 Van Wagoner 等人，1990）

图 12.7　加拿大北极群岛巴瑟斯特（Bathurst）岛（中泥盆统）Bird Fiord 组露头剖面准层序的划分图

准层序边界置于易于识别的最大海退面（MRS）上

准层序与层序

如图 12.8 所示,通过识别和对比最大海退面(MRS)可以进行准层序划分。有时,最大海泛面(MFS)可以代替最大海退面(MRS),因为在这种情况下最大海泛面是最大海退面(MRS)的可对比界面,从而可以作为准层序的边界。如果作为准层序上下边界的最大海退面(MRS)在各处都能被最大海泛面(MFS)取代,那么所界定的地层单元就成为一个成因层序而不是准层序。

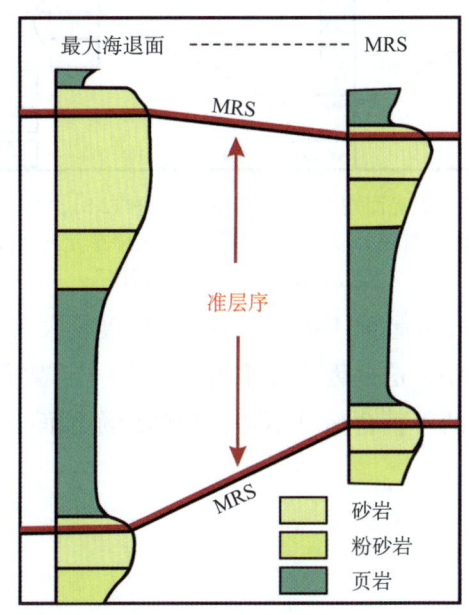

图 12.8 横剖面对比示意图说明如何根据最大海退面(MRS)来划分和对比准层序。与最大海退面可对比的界面通常包括最大海泛面和滨岸海蚀面,这二者都可以用作准层序的边界

鉴于在盆地边缘最大海退面(MRS)经常可以与不整合型滨岸海蚀面对比,因此不整合型滨岸海蚀面(SR-U)可以作为准层序的一个边界界面。但是,当构成准层序上边界和下边界的两个最大海退面(MRS)都可以与不整合型滨岸海蚀面可对比时(图 12.9),那么该地层单元实际上是沉积层序而不是准层序。这样的准层序可以看作是"隐伏的沉积层序",而且经过深入研究和延伸对比,任何识别出的准层序都可能成为沉积层序。

基于上述原因,可以考虑完全放弃准层序概念,并在沉积层序定义里包括一个以最大海退面(MRS)为边界的地层单元。希望这个问题能在未来的几年里得到解决。

准层序及其规模

准层序定义将准层序限制为厚度较小的地层单元(小于几十米厚),这是通常

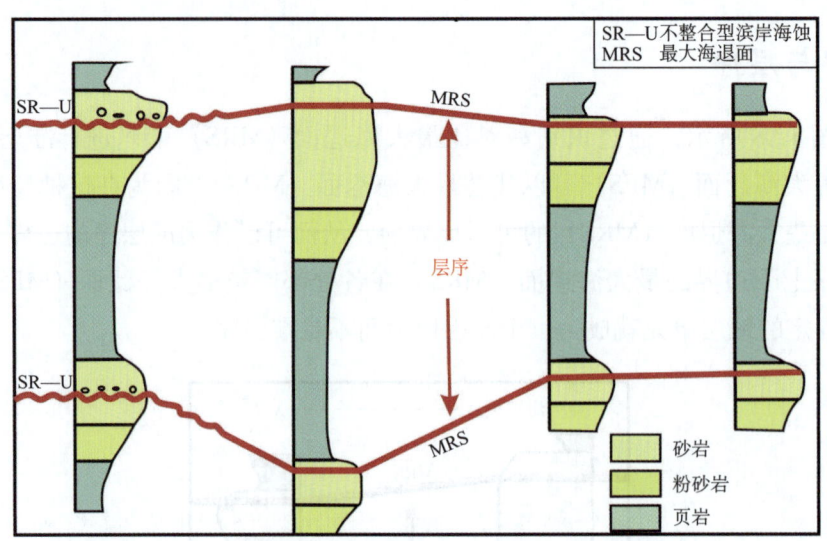

图 12.9 当确定的准层序顶底界面均为最大海退面（如图 12.8），而且能够与不整合型滨岸海蚀面（SR–U）对比时（如本图所示），那么，这样的准层序单元就变成了一个沉积层序，也可以称之为"隐伏的沉积层序"

的做法所决定的。以最大海退面（MRS）为界的厚度较大（几百米厚）的层序地层单元最好称之为沉积层序，这是因为几乎所有具有一定规模的最大海退面（MRS）都可以与盆地边缘发育的不整合面［不整合型滨岸海蚀面（SR–U）或陆上不整合面（SU）］相对比。

小结

准层序这一术语最好仅用于以最大海退面（MRS）及其可对比界面为边界的小规模的海侵海退单元。准层序或者形成于小规模的基准面升降旋回（可对比不整合型滨岸海蚀面无法识别），或者形成于沉积物供给减少的基准面上升期（不整合型滨岸海蚀面没有形成）。最后，笔者建议，当根据现有资料对最大海退面（MRS）难以识别时，可以采用海泛面（分割其下的海相砂岩/灰岩和其上的页岩之间的岩性地层界面）作为准层序的近似边界。然而，在可能的情况下最好还是使用最大海退面（MRS）作为准层序的边界。

层序地层学级别系统

引言

前几章介绍了层序地层中的各种界面和层序地层单元。然而重要的是需要把这些层序地层界面归入一个完整的分级体系中，这样才能利用它们进行区域性地层对比或对某个层序单元划分和成图（Embry，1993，1995）。这主要是因为，在地层中可能发育各种不同规模的层序地层界面，如果没有级别的概念，从理论上讲，任何两个边界（不管是否为同一级别）[例如界定成因层序的两个最大海泛面，或陆上不整合面（SU）与滨岸海蚀面（SR−U）组成的复合界面，界定沉积层序的最大海退面（MRS）]都可以用来构成层序边界（图13.1）。这样就会导致地层中出现大量的层序，唯一避免的办法就是建立界面的级别体系。

众所周知，层序地层界面的规模相差很大，因此需要将高级别和低级别的层序及层序边界区分开来。这也是因为认识到层序边界及其所界定的层序与规模大小没有内在联系。显然，目前存在两种截然不同的方法建立层序及边界级别体系，一种是理论上的、来自模式的方法，另一种是根据实际数据的经验分级方法。

基于模式的分级体系

模式分级体系受到Exxon科学家们的拥护（如Vail等，1977；Mitchum和Van Wagoner，1991；Vail等，1991；Posamentier和Allen，1999）。这种分级体系基于这样的认识，即层序界面的形成受海平面变化导致的符合正弦规律的基准面升降变化造成的，海平面变化的幅度随频率降低而增大。因此，由构造—海平面升降（洋盆体积的改变）所引起的巨大幅度的基准面变化很少发生，所产生的层序边界属于一级或二级范畴。一、二级层序边界一般被称为低级别边界，但是也有研究者称之为高级别层序边界。笔者采用把一、二、三级层序边界称为低级别层序边界，而把四、五、六级层序边界称为高级别边界的习惯用法。

在模式级别体系中，高级别层序边界与气候驱动的米兰科维奇旋回有关，该旋

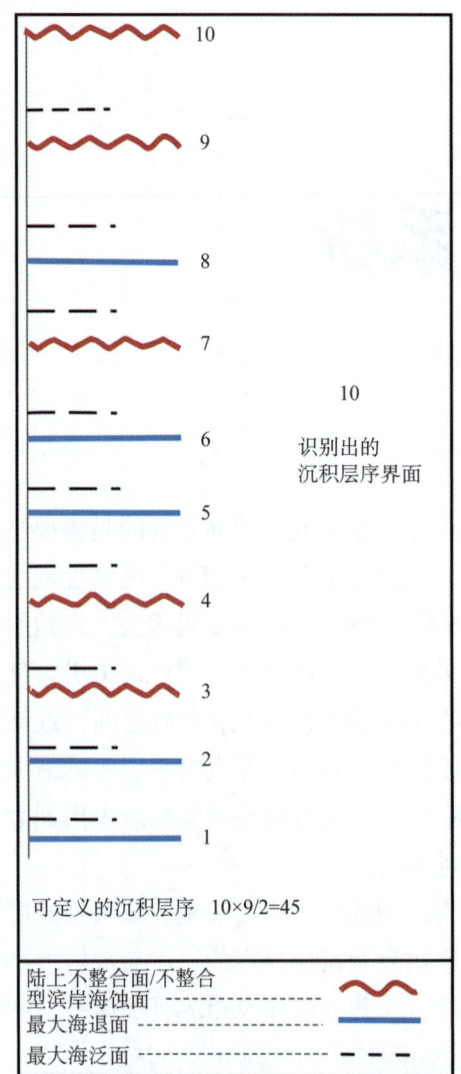

图 13.1　因为沉积层序被定义为"以陆上不整合面及其可对比界面为边界的地层单元",所以定义层序边界的级别体系就非常重要。在图中,如果不建立分级体系,那么对于 10 个识别出来的层序边界(例如 I-2、I-3 等等)就会有多达 45 个层序。只有建立一个边界分级体系,将这些层序界面归属不同的级别,才能唯一地避免这种混乱情形的发生

回导致 2 万～40 万年频带内的高频海平面变化。因此在依据模式划分层序边界的级别体系中,层序按照它所代表的时间,亦即其上、下边界之间的时间跨度来划分级别。这种按模式确定层序边界级别的方法在 Vail 等人(1991)发表的文章中达到了极点,他们根据边界的产生频率将层序边界划分为六个级别,具体划分方案及每个级别的特征边界频率如下:

一级——> 50Ma

二级——3 ～ 50Ma

三级——0.5 ～ 3Ma

四级——0.08 ～ 0.5Ma

五级——0.03 ～ 0.08Ma

六级——0.01 ～ 0.03Ma

这种基于模型建立层序级别体系的方法很容易陷入循环推理的误区。因为任何特定的地层剖面都可能包括很多沉积层序边界(不整合面和最大海退面),因此,只需选择符合期望结果的边界就可以得到期望的边界产生频率。例如,如果时间跨度为 20Ma 的地层中包含 14 个层序边界,那么就会有多个边界组合可以用来确定边界发生频率为 10Ma 的层序单元(图 13.2a)。如 Haq 等人(1988)所指出,应用这种分级方法在他们的全球层序图表中划分出 2 级层序,2 级旋回(层序)边界的选择具有相当的主观性,目的是要适合期望的结果(时间跨度为 10Ma 的层序)。

上述模式分级方法最根本的缺陷在于,直到你对一套地层实体或某种现象有确切的定义之后,你才能确定其发生的频率。根据这种推理,如果想要知道二级层序边界的发生频率,必须首先能够经验性地识别出二级层序边界。只有客观地识别出不同级别的边界后,才能够获得边界出现的频率,时间跨度不是层序的可观察属性。

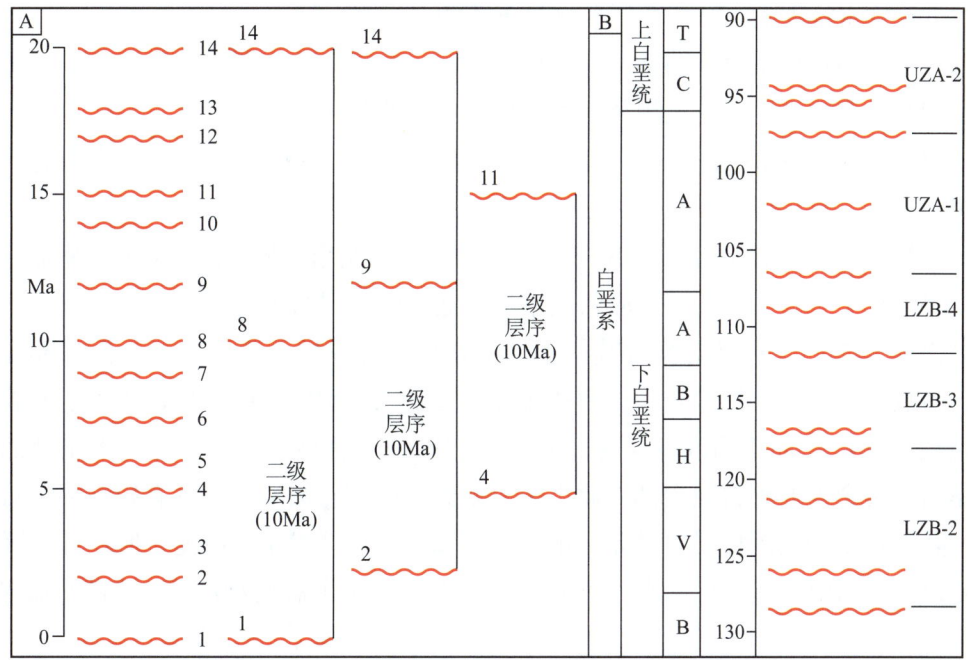

图 13.2A 示意说明了运用边界产生频率建立层序级别体系的错误逻辑。在一个跨度为 20Ma 的层段中包含了 14 个层序边界，多种边界的组合（这里只给出了 3 种）可界定出产生频率为 10Ma 的二级层序。

图 13.2B 是 Haq 等人（1988）的图表说明运用边界产生频率概念定义一系列二级层序（LZB-2 等）。主观地选择二级层序界面得到期望的结果（层序跨度 10Ma）

基于数据的分级体系

Embry（1993，1995）提倡用基于实测数据来建立层序地层边界及其所界定的层序的级别体系。这种分级方法采用相当客观的科学标准，而不是像基于模式分级方法那样使用先验假设。

在数据分级方法中，层序边界级别体系是建立在对边界相对规模进行解释的基础上。而一个边界的相对规模首先是产生该边界的基准面变化幅度的反映。500m 的基准面变化幅度必然产生规模相对较大的层序边界，此边界必不同于 10m 或更小幅度的基准面变化所产生的较小规模的层序边界。在给定盆地内，最大规模的层序边界（即由所解释的最大幅度的基准面变化所导致的层序边界）可归属一级边界，而最小规模的层序边界（即由所解释的最小幅度的基准面变化所产生的层序边界）则被归入最高（四、五或六级）的级别之中。

为了能够使用这种分级方法，必须找到可观测的科学标准来表征层序边界的相对规模。这样的标准要能反映产生层序边界的基准面变化的幅度。笔者发现，下面所列的边界特性有助于估计层序边界的相对规模，同时也间接地反映了产生该层序边界的基准面变化幅度。这些边界的可观测性是按照其对估计沉积层序边界相对规模的重要性来排列的，第一个标准是最重要的。

(1) 层序边界上、下构造变动的程度；

(2) 层序边界上、下沉积环境和沉积物成分的差异程度；

(3) 尽可能多地点的不整合面之下地层缺失量，特别是靠近盆地边缘的非常有用；

(4) 位于构成层序边界的不整合面之上的最大洪泛面所指示的水体变深幅度；

(5) 陆上不整合及与其对应的滨岸相向盆地内延伸的距离。

需要注意的是，以上所有特征不一定能够全部应用于不同边界，但大部分可以。多数情况下，盆地中最大规模的边界都会是该盆地的一级边界，代表了显著的构造运动和沉积环境的改变，伴随着大量的剥蚀或明显的水体加深。不整合面及滨岸相通常会延伸到盆地内部，此类边界多数情况下较为明显，具有较高的可对比性，其限定了一级沉积层序单元。由于构造和沉积环境发生了改变，所以毫无疑问的是此类界面由构造运动形成（图 13.3），同时也指示了盆地及其周边地带的基准面变化。

二级层序边界同样也代表了构造和沉积环境的改变，以及较大幅度的基准面变化。如同一级层序边界，这一点从边界上、下的构造样式变化可以看出。二级层序边界也主要是受构造运动控制，包括断裂、褶皱以及掀斜等，常出现在一二级层序边界之下。二级层序边界与一级层序边界的区别在于前者的基准面变化幅度明显要小后者，其具有较少剥蚀量及不整合向盆地延伸较少。同时，二级层序边界上、下构造样式变化的幅度也明显要小得多。一、二级层序边界的区分可能会存在一定的主观性，但是在绝大多数情况下，同一盆地里的一、二级边界还是较易区分的。

三级层序边界上、下没有显著的构造运动变化，但是却具有显著的沉积环境改变。三级层序边界最主要的成因似乎依然是构造运动，因为单用海平面的升降变化很难解释这种显著的沉积环境变化。三级层序边界的剥蚀量、不整合延伸入盆地的程度以及水进时盆地水体加深的程度都明显要小于一、二级层序边界（图 13.3）。很显然，一、二、三级层序边界可以在全盆地进行对比，而且地震剖面上容易识别。

较高级别、较小规模的层序边界（如四、五、六级）不指示构造样式和沉积环境的改变，相应的剥蚀量和水体加深程度都较小，同时不整合及滨岸相发育局限于盆地边缘（图 13.3）。准层序边界是层序边界体系中最高级别、最低规模的边界，反映基准面微弱或没有变化。此类高级别的边界对比通常只能局限于局部范围内，只有在控制点足够多的情况下才能进行更大范围内的边界对比（如加拿大西部的沉积盆地）。

对于在"温室"（无大陆冰川）条件下形成的层序边界，上述五个标准在划分

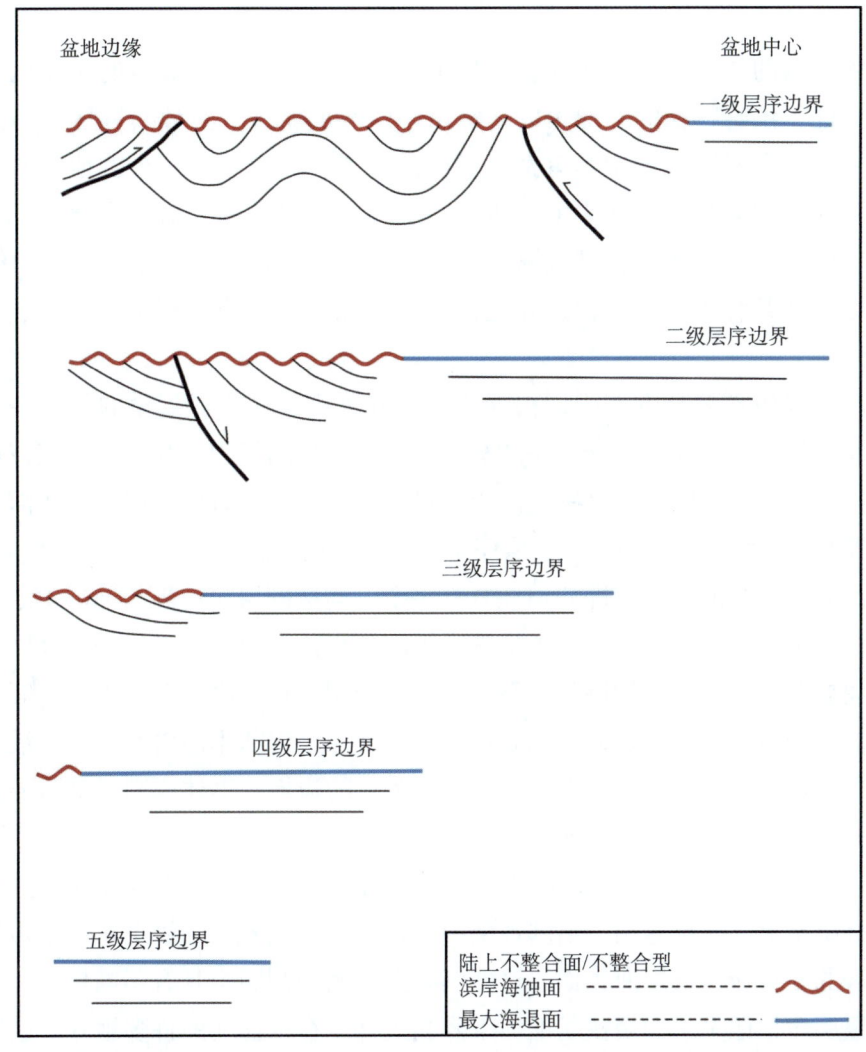

图 13.3 示意图说明如何通过可观测标准，如构造格局改变的强度和不整合向盆地内部延伸的程度，来确定层序边界的五个级别。建立这样的边界分级体系的标准必须能够反映导致层序地层界面形成的基准面的变化幅度

边界级别上具有较好的一致性。此时，边界的规模与不整合向盆地延伸的范围、剥蚀量及随后的水体加深程度密切相关。对于那些大规模的层序边界，由于其所代表的不整合延伸至盆地内很远，剥蚀量及水体加深程度都很显著，所以即使无构造运动，也代表了沉积环境的巨大改变。

有时候在对形成于大陆冰川间歇性出现的"冰室"期的层序边界进行识别时会出现问题。在"冰室"期，较大幅度的基准面变化（达 120m）是由于气候变化驱动的海平面变化造成的，而海平面变化通常没有沉积环境或构造格局的根本改变。在通常情况下，后两条标准通常反映大的基准面变化事件，用来作为最大规模的低级别边界的最终判据。具有较大的沉积环境和/或构造格局改变的边界比不具有这些改变的边界的级别要低，即使是按照后三条判别标准判别这两者具有相似的特征。

必须强调的是，研究人员应该根据上述标准建立所研究盆地的层序边界分级体系。因此，没有特征的、通用的一级层序边界的定义。具体研究区域内的一级层序边界是指那些在盆地中具有最大规模的边界。因此，在一个盆地中的一级层序边界可能不同于另一盆地中的一级层序边界。一旦在一个盆地内建立了边界分级体系，即每一级别的边界都被赋予了一套特定的属性，那么个别边界的级别划分可能会存在某种主观性，但是在绝大多数情况下边界分级都是相当客观和具有一致性的。

这种边界级别划分方法强调根据所解释的沉积层序边界规模的相对大小来进行。因此，如果研究者想建立层序的级别而不是边界的级别，那么首先应该对各种层序边界进行分级。层序的级别等同于其最小规模边界的级别。因此，底部为四级层序边界而顶部为一级层序边界的层序是一个四级层序。

这又回到最初的问题，即如何在具有多个不同级别层序边界的地层中划分层序的级次。当用上述方法建立了一个层序边界的分级体系时，可以根据分级体系唯一性原则建立合理而又有序的层序体系。此原则表明，在层序内部不能具有等同或低于其最低级别边界的层序边界。例如，一个二级层序内部不能含有一个二级或一级层序边界，但是可以包含多个高级别（3—6级）的边界。上述原则是最重要的同时也是唯一的有序层序级别划分方法（图13.4）。

图13.5所示为位于Ellesmere岛Greely湾北侧的加拿大北极Sverdrup盆地东缘的下三叠统至上三叠统露头。出露地层中存在三个大规模的二级沉积层序边界，且均为显著的不整合型滨岸海蚀面。这些滨岸海蚀面分割四个具有不同构造和沉积样式的二级层序，记录了大规模基准面下降和上升。在该盆地的许多地区，这些不整合之下都存在构造掀斜（Embry，1991，1997）。在下三叠统二级层序中识别出一个三级层序边界，分割下部史密斯亚阶红色风化河流相三级层序和上部斯派斯亚阶灰色风化浅海地层三级层序。在斯派斯亚阶三级层序中可以进一步识别出四级和五级层序边界（最大海退面MRS）。

图13.6所示为Ellesmere岛北中部Otto湾头部的Sverdrup盆地中三叠统二级层序出露地层。该二级层序被2个二级边界，即底部的最大海退面和顶部的不整合型滨岸海蚀面所围限。这两个边界指示了大的基准面变化，可以在整个盆地进行对比，在盆地边缘地带伴随着构造掀斜运动，同时，边界上下地层沉降速率差异显著（大于5倍）。该二级层序内部一个三级边界把层序进一步划分为2个三级层序，在每个三级层序内部都存在数目不等的四级层序边界，在出露地点恰好为最大海退面。

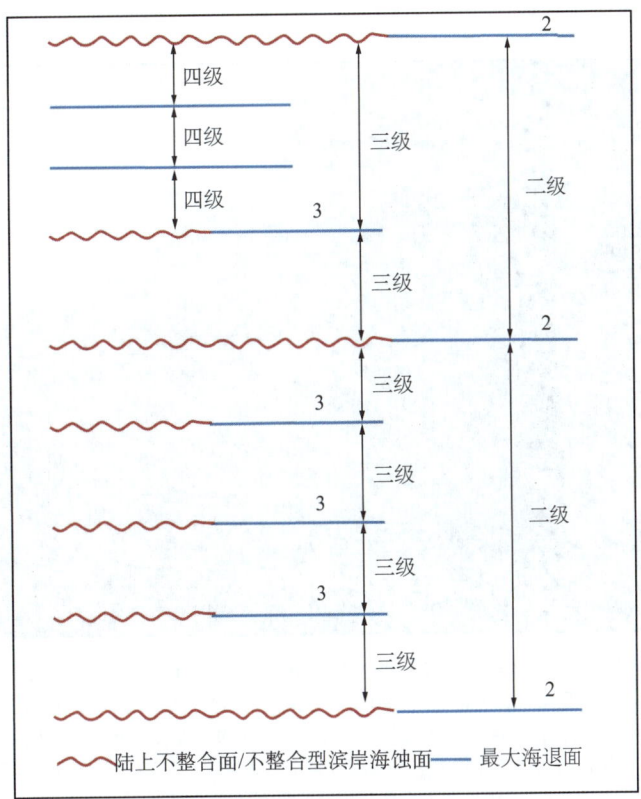

图 13.4　按照分级规则确定层序级别的原理示意图

一个层序内部不应含有低于或等于其所包含的最高级别边界的级别的其他边界。因此，一个二级层序不能包含有任何的一级或二级边界。如此图 13.1 中所示的混乱情形就可以被避免

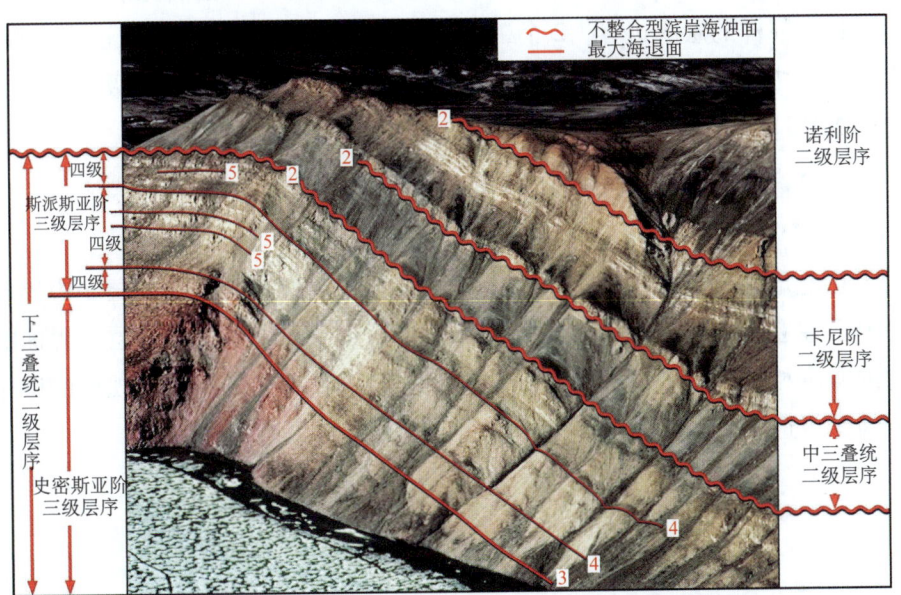

图 13.5　Ellesmere 岛 Greely 湾的三叠系硅质碎屑岩地层露头

露头中有三个二级沉积层序边界，均为不整合型滨岸海蚀面，其上、下存在着构造格局和沉积环境的重大变化。二级层序边界之下都存在着明显的剥蚀作用。图中所示下三叠统二级层序内部存在一个三级层序边界，同时也标出了四级和五级层序边界（最大海退面）

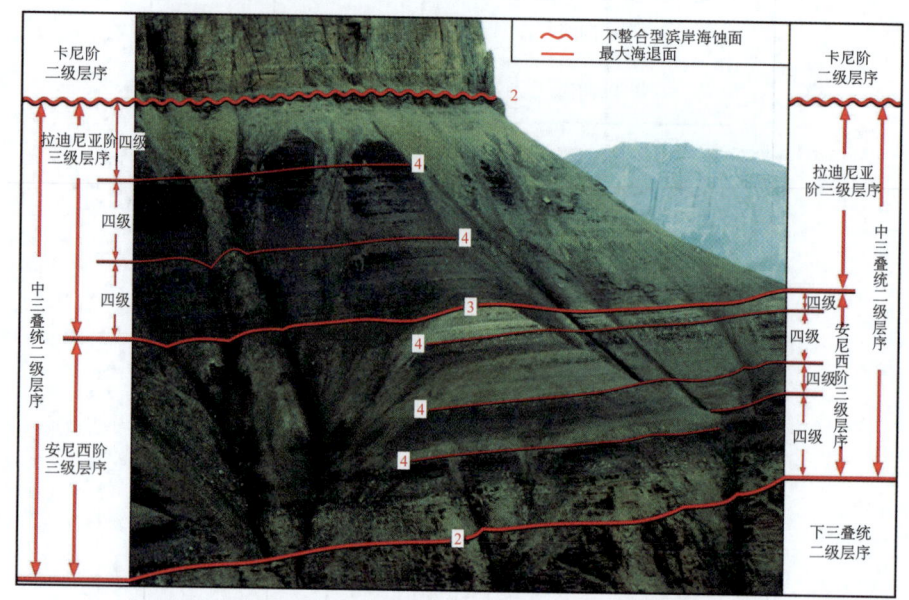

图 13.6 Ellesmere 岛 Otto 湾头部的中三叠统二级层序露头

层序被两个二级层序边界所限定，底部为最大海退面，顶部为不整合型滨岸海蚀面。边界上下存在显著的构造格局和沉积环境的变化。在这个二级层序内部有一个明显的三级层序边界（最大海退面），将其分为三个三级层序。较小规模的四级层序边界进一步细分每个三级层序。与二、三级层序边界不同，四级层序边界上下不存在明显的沉积环境的变化

图 13.7 所示为 Lougheed 岛地区 Sverdrup 盆地中三叠统二级层序内部各种级次层序边界的对比方案。请注意，该图所示位置距离图 13.5 出露地层西南约 650 公里，但是具有同样的层序边界。2 个二级不整合型滨岸海蚀面包裹着这个二级层序，内部有一个三级层序边界，在每个三级层序内部还有数目不等的四级层序边界（最大海退面 MRS）。

小结

为了在盆地中划分各种不同级别的层序，需要对所有已识别的层序边界及有关的层序界面建立一个分级体系。该分级体系是通过采用那些与形成层序界面的基准面变化的幅度相关的可观测标准来完成的。在某一盆地内，其最大规模的层序边界被指定为一级边界，其内部可以有多达六个级别的层序边界存在。

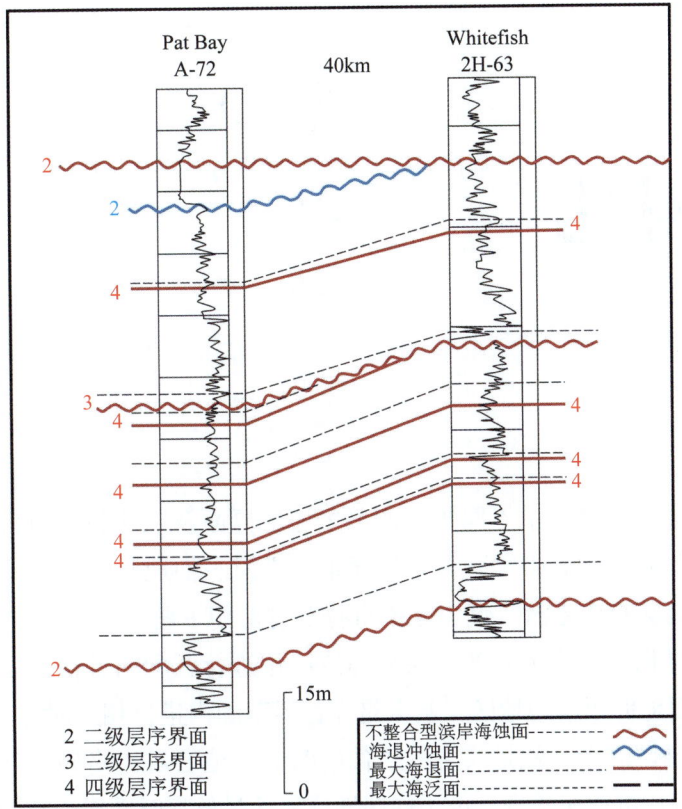

图 13.7 Lougheed 岛地区 Sverdrup 盆地西部的两口井的伽马曲线对比剖面图

一个由二级不整合型滨岸海蚀面所限定的三叠统二级层序在这两口井之间可以进行对比。图中地层与图 13.6 中所示的为同一地层，只是向西南方偏移 650km。图中二级层序内部的三级边界为一明显的不整合型滨岸海蚀面，而图 13.6 中的三级边界却是一最大海退面。该三级边界具明显的掀斜性削截，指示构造运动是边界形成的主要动力。在这两个三级层序内部还存在多个四级层序边界

地层对比

引言

在前几章中笔者介绍了不同类型的层序地层界面及以这些界面为基础所定义的各种层序地层单元。然而必须强调,层序地层学对石油地质的主要贡献在于它提供了一个很好的地层对比方法,这也是本章将要讨论的主题。

地层对比是指将不同地点的地层界面或层位进行匹配的过程,能够把已识别的地层单元和界面延伸至新的地区,甚至是在世界范围内进行相互对比。

对比的主要目的之一就是要建立近似的时间—地层对比格架,以确定沉积相带之间的关系及进行沉积相预测。由于层序地层界面是低穿时性界面或时间分割面,所以通过对其进行对比所建立的地层格架也是研究沉积历史和古地貌演化的基础。通常,低穿时性界面是通过生物地层学、磁性地层学和化学地层学方法识别的,但是这些方法在地层研究中经常是因为数据缺乏而不可行,另外这也非常地昂贵和耗时。

层序地层学之所以对建立近似的时间—地层格架非常有用,如前所述,是因为许多层序地层界面是时间分割面或是低穿时性的。更最重要的是,层序地层学尤其适用于地下地层研究,并且可以通过地震、测井和岩心资料来进行。本章将讨论应用层序地层学进行地层对比,并给出几个应用测井资料进行层序地层对比的例子。

地层对比中有用的层序地层界面

如前所述,层序地层界面代表地层记录的间断或沉积趋势发生了变化。笔者定义了六个物理界面,并且讨论了它们与时间界面的关系(Embry 2008a,b,c)。其中五个物理界面或者为时间分割面,或者具有极低的穿时性,所以它们对建立对比格架是很有用的。它们分别是:

(1) 陆上不整合面(SU)(时间分割面);

(2) 不整合型滨岸海蚀面(SR–U)(时间分割面);

(3) 陆坡上超面(SOS)(时间分割面);

(4) 最大海退面（MRS）（低穿时性）；

(5) 最大海泛面（MFS）（低穿时性）。

其他层序地层物理界面不能用来建立近似时间—地层对比格架，原因在于它们具有很高的穿时性，其中包括海退冲刷面（RSME）和间断型滨岸海蚀面（SR—D）（Embry，2008）。但是，这两个界面对于在对比格架内划分沉积相是非常有用的。

如笔者所述（Embry，2009），层序地层学中也定义了两个时间界面，尽管有研究者认为把它们归入年代地层学比层序地层学更好一些。这两个时间界面分别是强制海退面（BSFR）和可对比整合面（CC）。前者等同于区域性基准面刚开始下降时的时间面，而后者代表区域性基准面刚开始上升时的时间面。与所有时间界面一样，强制海退面和可对比整合面不具备明显的物理特征，在对比中的作用十分有限。这一点可以从没有任何文献将这两个界面用于测井曲线剖面对比而得到佐证。

浅海地层对比

图14.1中的硅质碎屑岩缓坡层序地层模式（Embry，2008d）说明有三个层序地层界面对于浅海地层对比很有用，它们分别是不整合型滨岸海蚀面（SR—U）、最大海退面（MRS）和最大海泛面（MFS）。图中最大海泛面分布非常广泛，而且极易识别和对比，代表着由向上变细向向上变粗趋势的转变（Embry，2008c），在伽马测井上一般置于伽马测值最高处，除非有更高精度数据（例如岩心）与之相左。

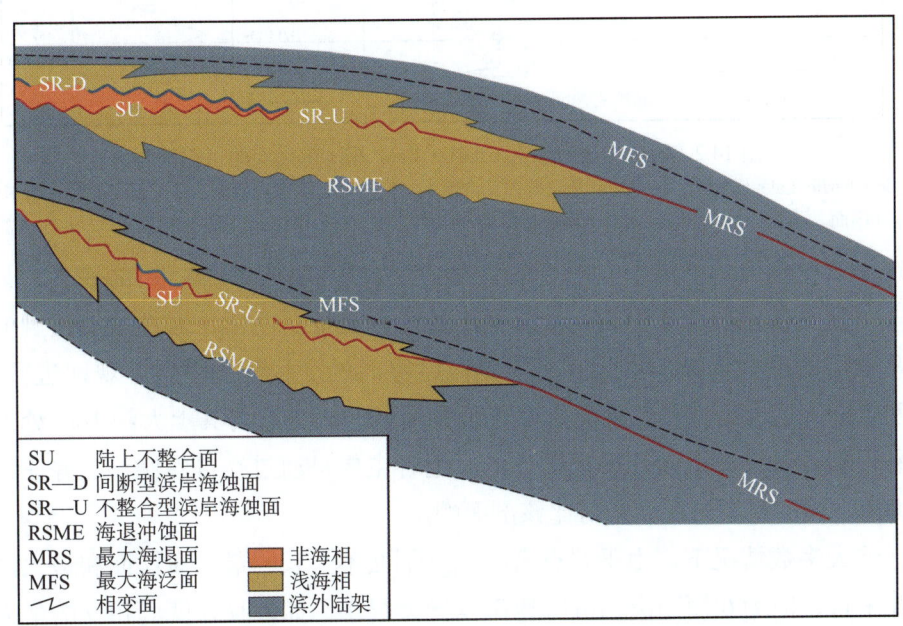

图14.1 硅质碎屑岩缓坡背景的层序地层模式（Embry，2008d）

注意，SR—U、MRS和MFS都存在于浅海地层中，是非常好的对比界面。向盆地边缘，非海相地层与浅海相地层开始交互，可以识别和对比SU和SR—D

浅海地层发育的两个最大海泛面之间一定会有一个最大海退面或不整合型滨岸海蚀面。前者指示了由向上变粗向向上变细趋势的转变，在伽马曲线上通常为最低值点处（Embry，2008b），除非有更详细的资料指示别处。如图 14.1 所示，最大海退面侧向上与不整合型滨岸海蚀面（SR-U）相对比，二者共同构成一个较大范围内可对比的界面。在伽马曲线上，不整合型滨岸海蚀面通常表现为突变接触，其上地层向上变细（Embry，2008b 中图 8）。但要完全证实不整合型滨岸海蚀面存在，还需要其下地层具备削截特征。

图 14.2 是由笔者同事 Jim Dixon 提供的阿尔伯达西北部下 Charlie Lake 组（上三叠统）的 3 口井的自然伽马曲线对比剖面。Charlie Lake 组主要为页岩、粉砂岩和砂岩互层，含少量灰岩和硬石膏，沉积背景为浅水局限海道，单个地层单元可以在大范围内进行对比（J. Dixon, pers. comm., 2007）。

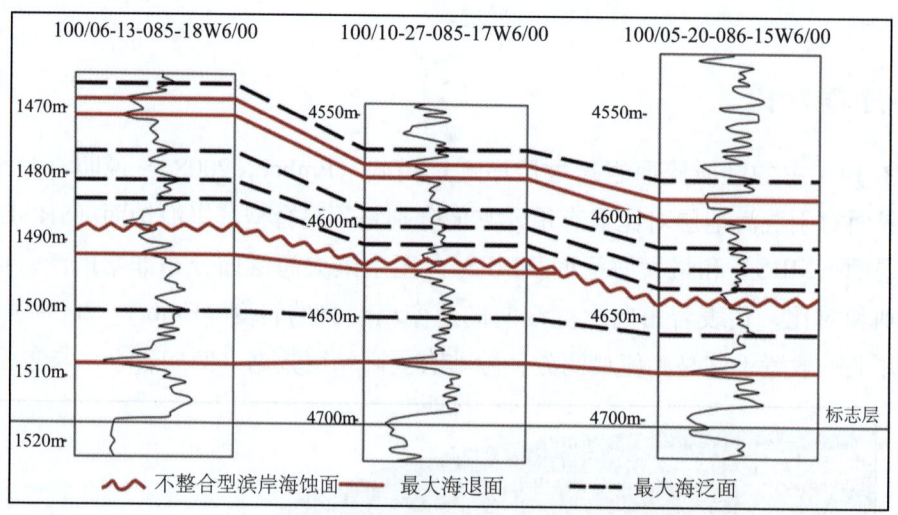

图 14.2　阿尔伯塔西北部 Charlie Lake 组下部地层的对比剖面

标准层是 Charlie Lake 组的底，一个岩性地层界面。剖面上对比了多个最大海退面、最大海泛面和一个不整合性滨岸冲刷面。不整合型滨岸海蚀面对剖面右侧的地层削截，其上有轻微上超现象（感谢 J. Dixon 提供资料）

这个对比剖面的基准层是一个岩性标志层，即 Charlie Lake 组的底界，识别标志为一个硬石膏层覆盖于 Halfway 组顶部的砂岩之上。通常，岩性地层接触面不是作为基准层的最好选择，因为它可能是高度穿时的，尽管能够很客观地进行识别。在本例子中，这个岩性接触面看起来是低穿时的，因为它与其上大约 10m 处的一个很容易识别的最大海退面几乎是平行的。笔者主要是通过在自然伽马测井曲线上识别最大海退面和最大海泛面来对比该剖面的。

在绝大多数情况下，由于井点密集，且剖面不太长，最大海泛面和最大海退面会相互平行，因为在短距离内沉降速率差异会很小。如果存在两套相交的最大海退面—最大海泛面组合，且在每套组合内部海退面与海泛面相互平行，那么就应该怀疑可能存在着不整合。据此，笔者在一套底部突变的、向上变细的灰岩地层（通俗地称为 A 标准层）之下解释出一个不整合型滨岸海蚀面（SR-U）（图 14.2）。最大海退面之下的削截现象,以及位于 A 标准层和该标准层之上第一个可对比最大海退面之间的地层向东逐渐减薄,都说明这种解释是可信的。所有不整合型滨岸海蚀面之上的可对比界面都几乎平行于该海蚀面,同时该海蚀面及其上最大海泛面之间的地层轻微减薄表明地层向东有小幅度的超覆。

图 14.3 为加拿大北极地区 Melville 岛 Sverdrup 盆地南侧上三叠浅海地层对比剖面图。在这个实例中,井间距要比前一个例子中的大得多(300m 对 50m),剖面也相应更长一些。因此,在本例中只对比了大规模的层序界面,尽管也有可能对小规模界面进行对比。基准层为剖面顶部的一个明显的不整合型滨岸海蚀面(SR-U),向盆地方向逐渐过渡为易识别的最大海退面,该面上下地层具有不同的沉积格局(二级边界)。因为这个界面在沉积时基本上就是水平的(海平面附近的临滨冲刷),所以是一个非常好的基准层。

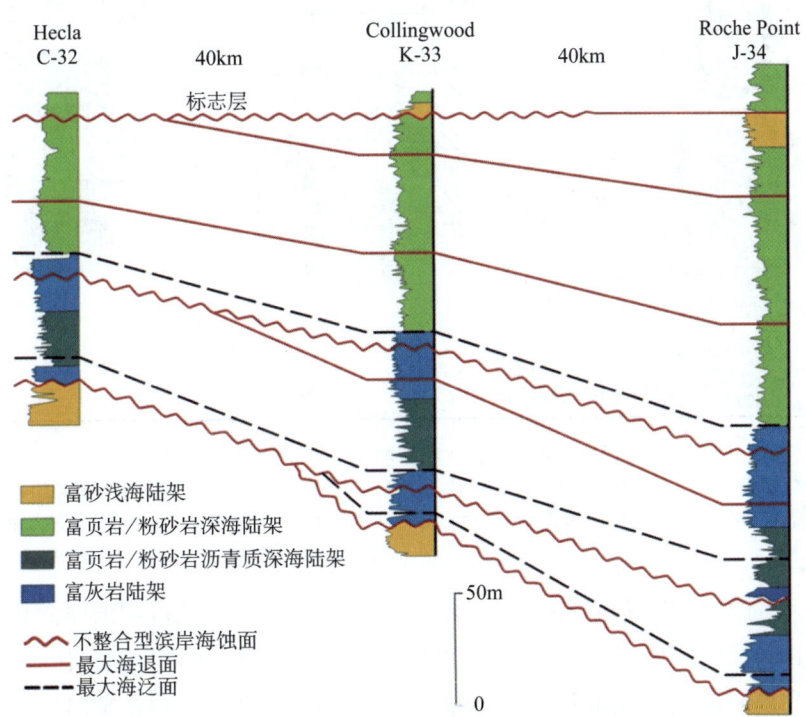

图 14.3　加拿大北极区 Melville 岛 Sverdrup 盆地西南翼上三叠统(Carnian)对比剖面
剖面上只对比了大规模的层序地层界面,并以地层顶部的明显的不整合型滨岸海蚀面(SR-U)作为对比标准层。对比层段的底界是一个不整合型滨岸海蚀面,在其内部还存在另外两个不整合型滨岸海蚀面。剖面中最大海退面和最大海泛面被不整合型滨岸海蚀面削截,下部地层在位于盆地边缘的井(Hecla-C-32)上缺失

最大海退面和最大海泛面还是在自然伽马曲线和岩样描述的基础上进行对比。在削截存在的地方可以确认存在不整合型滨岸海蚀面。在下倾方向可以见到个别地层单元略微增厚,但是绝大部分厚度变化是由于盆缘不整合对下伏地层削截造成的。这表明该不整合是由构造运动而不是海平面变化产生的,下一章将会对此进行详细探讨。

图14.4所示为缓坡浅海地层（Sverdrup盆地西部下侏罗统）的一个对比实例。在本例中，控制点之间的间距较大，剖面方向接近沉积倾向。在与沉积走向平行或只沿下坡方向延伸距离很小的剖面（如图14.2，图14.3）上，沉积倾角对规模较大的界面的地层几何形态没有影响或影响很小。但是在本例中，沉积倾角对对比界面的几何形态具有重要影响。

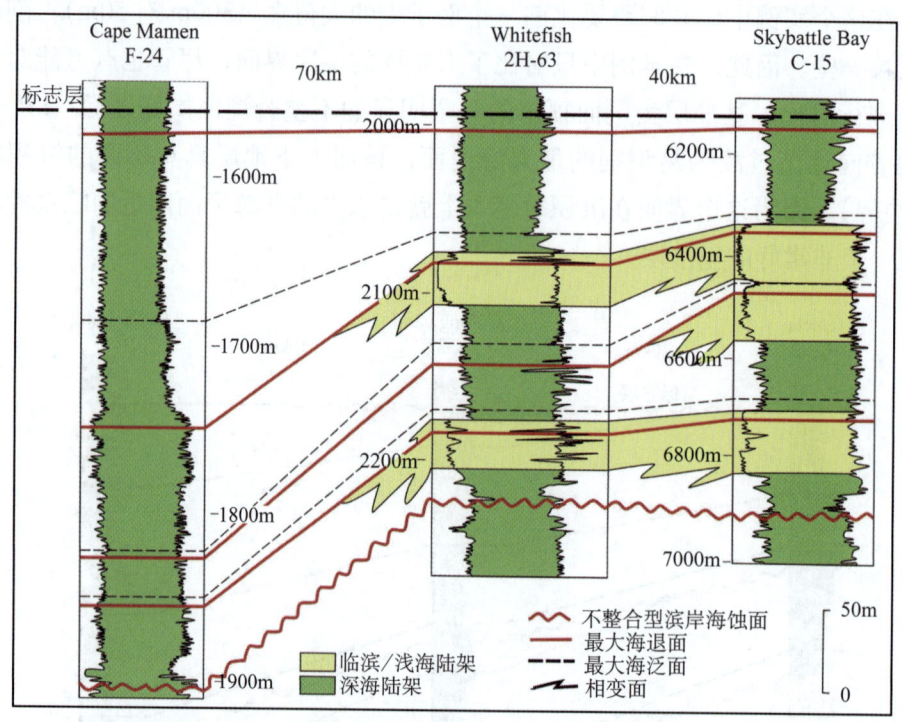

图14.4　Sverdrup盆地西南部下侏罗统对比剖面

标准层为下侏罗统顶部（晚图阿尔期）的一个特征明显的最大海退面。剖面沿倾向方向延伸超过100km。已对比的规模较大的最大海退面和最大海泛面都向盆地方向倾斜，近似等于原始海底的倾角。剖面右侧（东部）的两口井上的砂层向盆地方向渐变为页岩

图14.4剖面中的地层都是整合接触的，除了底部的不整合型滨岸海蚀面。因为没有更好的选择，所以以一个明显的最大海泛面（三级）作为基准层。有一点必须清楚，这个最大海泛面在沉积时并不是水平的，而是向盆地方向倾斜，近似与海底平行。使用这样一个原本倾斜的界面作为水平基准层，多多少少会扭曲地层的真实几何形态。

在图14.4中，只有规模较大的最大海退面和最大海泛面是可以对比的，任何其他较小规模的对比都会因为井点间距过大而无法进行。由于可对比的界面在沉积时都近似平行于海底，所以向西由于水深增大而偏离基准层。东部最大海退面之下的砂岩随着向盆地方向（西）水深增大渐变为页岩和粉砂岩。基准层之下的第一个最大海泛面在声波测井曲线上有较好的显示，表现为非常慢的声波旅行时间（高粘土含量），所以在整个盆地范围内都较易识别，标志着早图阿尔期重大海侵事件的顶

峰（一起全球性事件）。

总而言之，最大海泛面、最大海退面和不整合型滨岸海蚀面是浅海地层对比中最理想的界面，通常各种级次的都会出现，其中低级别、大规模的是最容易对比的，而高级别、小规模的只有在井点较密时才能够对比。

非海相与浅海相交互地层的对比

如图14.1所示，当在盆地边缘存在非海相地层中夹有浅海地层时，就有可能识别出陆上不整合面（SU）和沉积间断型滨岸海蚀面（SR-D）。这是因为，其上出现非海相地层超覆和其下出现非海相地层分别是陆上不整合面（SU）和沉积间断型滨岸海蚀面（SR-D）的定义特征。相反，如果没有出现非海相地层，那么陆上不整合面（SU）和沉积间断型滨岸海蚀面（SR-D）都是不可识别的。

图14.5是加拿大北极Arctic Canada地区Eglinton岛（Sverdrup盆地西南缘）下白垩统Isachsen组下部的海相与非海相互层的剖面图。在非常粗砾河道沉积底部识别出多个陆上不整合面，其中最底下的那个不整合面被作为对比基准层，该不整合面覆盖于滨外海相地层之上，是Sverdrup盆地中主要的一级层序边界，将下Isachsen组地层分为两个沉积层序。

在每个沉积层序的海相地层段中都可以识别出最大海泛面，该海泛面将层序划分下部海侵体系域（TST）和上部海退体系域（RST）两部分。在每个海侵体系域中，下部非海相地层与上部海相地层的接触面为间断型滨岸海蚀面。间断型滨岸海蚀面具有很高的穿时性，这可以从图14.5中上部的滨岸海蚀面向左上年轻地层不断攀爬看出来。注意，图中两个最大海泛面基本上平行于基准层，二者也相互平行（低的穿时性），从该剖面上的最大海泛面上看不出来有沉积倾角。

图14.6所示为与下切河谷充填相关的可对比的界面，剖面形状可以形象地比喻为"李子状"的非海相地层（下切河谷）镶在"布丁状"海相地层之中。该剖面由Saskatchewan南部四口相距相当近的井组成，纵向上经历了从底部非海相Mannville群向顶部下Colorado群深水陆架海相页岩（测井和相解释来自O. Catuneanu）演变的过程，地层主要是浅海相砂岩、粉砂岩和页岩，但在两口井上出现河流相砂岩。对比中选择一个显著的最大海退面作为标准层，该海退面之上有一个很易拾取的最大海泛面。位于非海相Mannville地层顶部的是一个间断型滨岸海蚀面（海相地层覆盖于非海相地层的接触面）。

在该剖面中，"扁豆形"非海相砂岩的出现使最大海退面的对比变得复杂化。为了解释该孤立砂体产生，必须在非海相地层底部划分出一个陆上不整合面，同样，在该河流相地层砂体顶部与上覆海相地层接触处要有间断型滨岸海蚀面。由于滨岸海蚀面通常都不会是一个孤立存在的界面，所以把位于河流相地层之上的海蚀

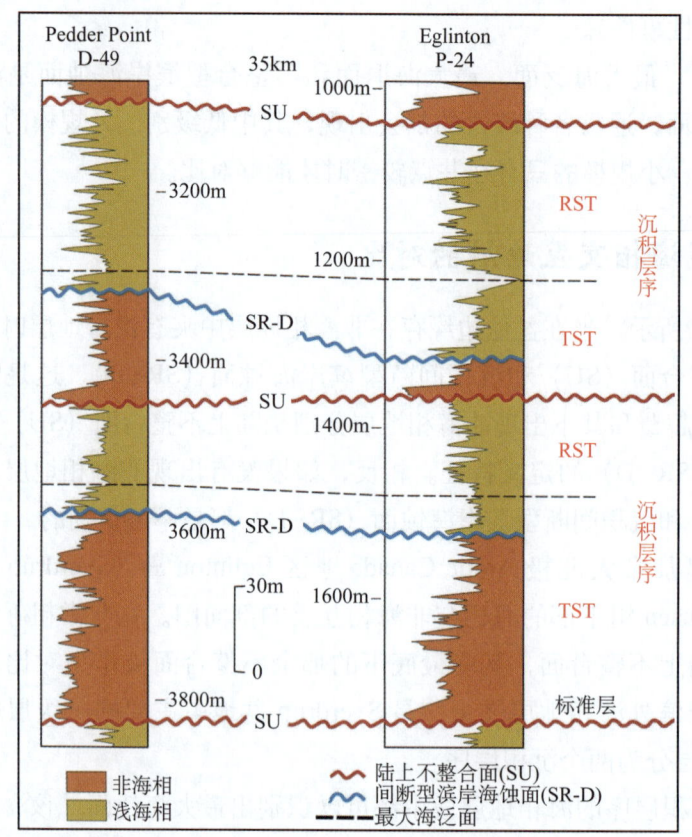

图14.5 是加拿大北极区埃格林顿（Eglinton）岛 Sverdrup 盆地西南部下白垩统（下 Isachsen 组）对比剖面

剖面地层由非海相和浅海相互层地层构成，底部的一个一级陆上不整合面作为基准层，另外两个陆上不整合面将序列划分为两个沉积层序，在每个层序内部的海相地层中的最大海泛面将该序列进一步划分为海侵体系域和海退体系域。在每个海侵体系内部都有一个间断性滨岸海蚀面把非海相地层与其上覆的海相地层分隔开。由于这两个间断性滨岸海蚀面的高穿时性（图中的攀爬特征），所以不能作为时间对比格架或体系域边界

面向临近的海相地层进行扩展是合理的，尽管它不是必须的。该海蚀面进入海相地层后不再是一个间断型滨岸海蚀面，而将是一个显著的不整合面（不整合型滨岸海蚀面）。在海相地层中进行不整合型滨岸海蚀面对比，一是尽量靠近间断型滨岸海蚀面，二是位于向上变细旋回的底部。

如图14.6 所示，海相地层中的不整合型滨岸海蚀面如果不是因为有通过河流相地层的井点及相应的间断型滨岸海蚀面，那么它很可能会被解释成为一个最大海退面。反过来，如果在浅海相地层中识别出不整合型滨岸海蚀面（如图14.2、图14.3 和图14.4 所示），那么位于该面之下的下切谷沉积就是有利的勘探目标。最后，要注意的是，夹在滨岸海蚀面和最大海泛面之间的地层，如果位于下切谷充填地层之上，则会由于沉积物供给较充分而较厚和更富砂。

河流相地层对比

在完全没有海相地层的河流相地层中进行对比难度很大。在河流相地层剖面

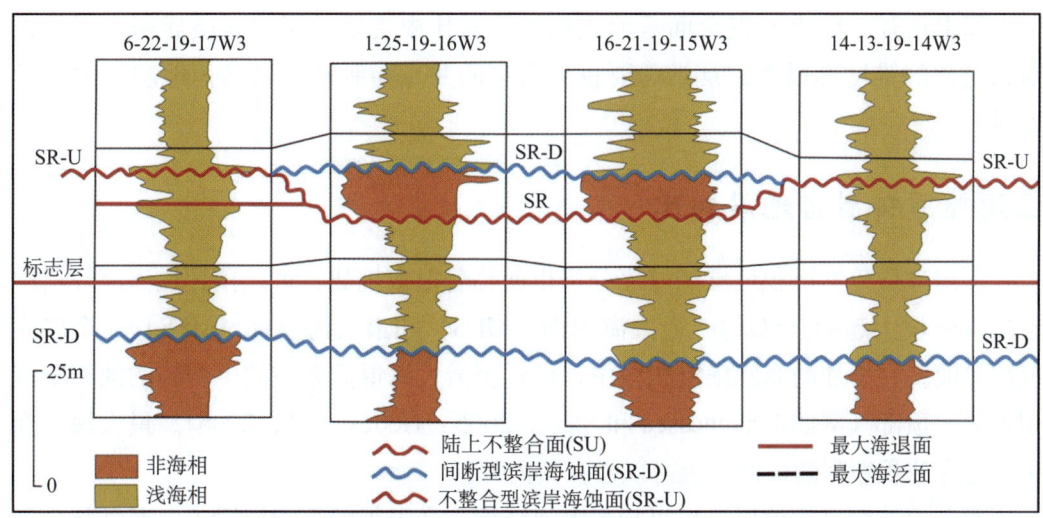

图 14.6 萨斯喀彻温省（Saskatchewan）南部下白垩统对比剖面

上覆于非海相 Mannville 群地层之上的下 Colorado 群浅海相地层向上水体变深，渐变为滨外页岩和粉砂岩。一个特征明显的最大海退面被用作标准层。在两口井上出现了河流相地层，其底为陆上不整合面，其顶为一个间断型滨岸海蚀面。间断型滨岸海蚀面向周边海相地层中对比为不整合型滨岸海蚀面。河流相地层底部的陆上不整合面被该不整合型滨岸海蚀面截断，构成下切谷的侧沿（数据由 O. Catuneanu 提供）

上，唯一常见的层序地层界面是陆上不整合面，它位于河道沉积底部或古土壤的顶部。该不整合面的对比可信度很低，而要建立界面级别的概念就更难了。在河流相地层对比中，区分具有区域削截性质的陆上不整合面和基准面上升过程中河流摆动造成的陆上沉积间断面（河道冲刷）也是很重要的。

位于下切河谷底部的陆上不整合面代表着区域性基准面下降，因此，很可能是一个大规模的层序边界。该陆上不整合面要与河间古土壤层进行对比，这在没有足够井点控制的情况下是很难做到的。一个较好的例子是 McCarthy 和 Plint（1998）曾经在一个出露很好的河道和越岸沉积地层剖面上进行过此类不整合面的对比。他们的工作表明，河流相地层对比需要非常密集的井点控制。

识别和对比可能存在的大规模的陆上不整合面是非常重要的。这些不整合面有时与颗粒组分和（或）碎屑粒度的显著变化相伴。也可以结合其他地层资料，如化学地层和磁性地层资料来帮助识别这些不整合面（SU）。Zaitlin 等（2002）和 Ratcliffe 等（2004）曾经在河流相地层中根据矿物和化学成分的变化可靠地识别出多个区域性的陆上不整合面。

在河流相地层对比中，有时能够识别出最大海泛面，表现为地层受到海洋影响（例如半咸水相）。对于没有海洋影响的河流相地层剖面，可以把最大洪泛面划在具有最高越岸细粒沉积/河道沉积比（即由向上变细向向上变粗转换）的层位中，该层位也常是煤层最多、最厚的层段。总的来说，在河流相地层中一般很难见到广泛发育的最大洪泛面，因此，在地震剖面上也没有代表最大洪泛面的区域性可对比的地震反射轴存在。

综上所述，陆上不整合面是河流相地层对比中主要的层序地层界面，但是识别和对比的难度都很大，常常需要较为密集的井点控制及来自其他地层学领域的资料。

深海硅质碎屑岩地层对比

深海硅质碎屑沉积地层的层序分析也面临着很多挑战。可以预计在深海环境中会出现陆坡上超面（SOS）、最大海退面（MRS）和最大海泛面（MFS）三个层序地层界面。在叠加的海底扇沉积段中，可以把最大海退面划在向上变粗的浊积扇沉积单元的顶部（例如 Johannessen 和 Steel，2005；Hodgson 等，2006）。最大海退面可以是在浊积序列的顶部，也可以是在其内部。

对于上述海底扇地层，可以把最大海泛面划在最细的沉积层段中，通常是分隔厚层浊积岩的页岩中（Sixsmith 等，2004）。陆坡上超面（SOS）的识别相对较为困难，最好是在地震剖面上通过确定页岩为主的厚层陆坡沉积地层的形态来完成。有研究者把第一套浊积岩的底面解释为可对比的层序界面（Posamentier 等，1988；Van Wagoner 等，1990）。然而，在很多情况下这样的界面只是一个具有冲刷特征的相接触面（向上变粗的海退序列中的沉积间断面），而没有沉积趋势的改变，不是一个层序地层界面。在通常情况下，浊积序列的底面是渐变的，沿倾向方向和侧向上都是穿时的（Hodgson 等，2006）。在个别情况下，浊积沉积会往陆坡超覆，这时浊积序列的底面与陆坡上超面（SOS）刚好吻合。

碳酸盐岩地层对比

碳酸盐岩地层的层序分析在很多方面与硅质碎屑岩的相似，但是也有一些不同。这些不同之处主要是由于碳酸盐岩沉积对基准面变化的反应与硅质碎屑岩的不同造成的。例如，对于硅质碎屑岩而言，在基准面下降期间沉积速率会因为沉积物向盆地供给的增加而增大；而碳酸盐岩沉积则会因为由于基准面下降导致陆架/陆坡/深海平原背景中的碳酸盐岩陆棚（碳酸盐沉积工厂）暴露而降低。尽管如此，在硅质碎屑岩中识别出的层序地层界面同样也会在碳酸盐岩地层中存在，其所具有的特性可能与硅质碎屑岩中的不同，特别是陆坡上超面（SOS），特征非常明显，易于识别。

浅海碳酸盐岩地层中的界面包括最大海退面、最大海泛面、滨岸海蚀面及海退冲刷面。陆上不整合面在基准面下降期间形成，但是大部分在随后的海侵过程中遭到侵蚀，被改造成不整合型滨岸海蚀面。

确定最大海退面和最大海泛面依赖于沉积相分析及确定碳酸盐岩地层的沉积物供给趋势。而碳酸盐岩地层的沉积物供给趋势在测井上的表现不如硅质碎屑岩的清楚，当其中有细粒的碎屑岩沉积时常常会好识别一些（Wendte 和 Uyeno，2005）。对于生物礁和碳酸盐岩滩，总会有一个或多个陆坡上超面（SOS）存在于陆坡上。

图 14.7 所示为一个碳酸盐岩为主的地层序列的对比剖面。该剖面包括礁（Zeta lake 组）及礁外沉积（Cynthia 组），其上下的碳酸盐斜坡沉积（Wolf Lake 和 Blue Ridge 组，Nisku 组）。剖面数据来自阿尔伯达 West Pembina 地区（Wendte 等，1995）。

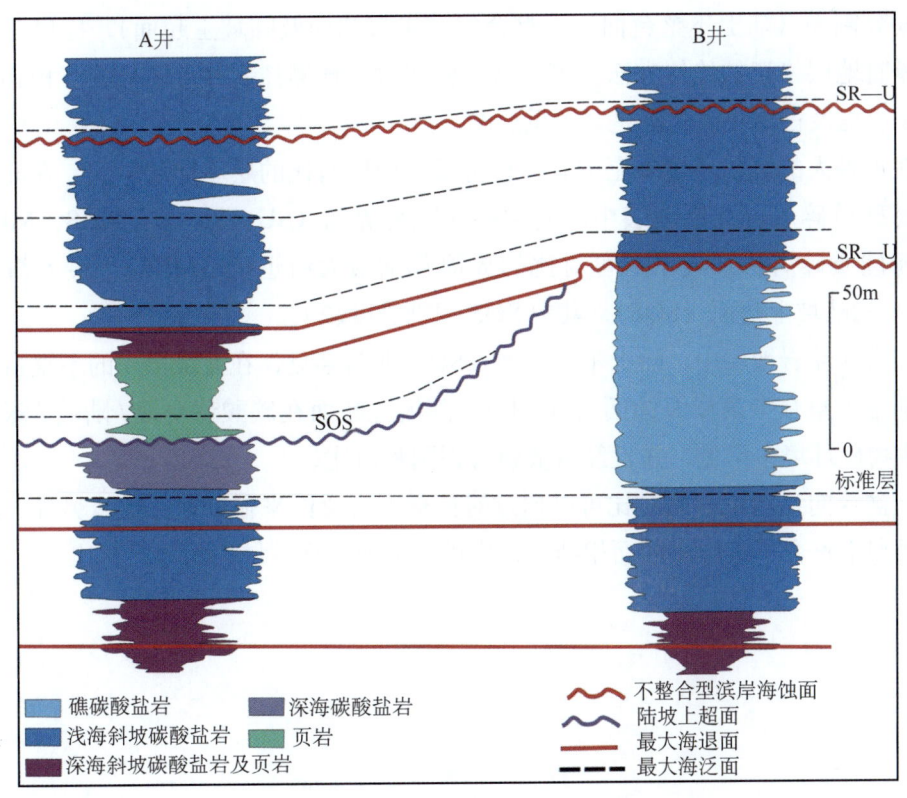

图 14.7 阿尔伯达西部 Pembina 西部地区上泥盆统碳酸盐岩地层对比剖面

在生物礁/礁外层段之上和之下分别各有一套碳酸盐斜坡地层，其中的最大海退面和最大海泛面易于识别。在该生物礁地层顶部有一不整合型滨岸海蚀面（SR—U），向礁侧翼可与一个特征明显的陆坡上超面（SOS）进行对比。形成于基准面下降期间的硅质碎屑页岩和粉砂岩上超于该陆坡上超面（SOS）上，随后又被基准面上升期间进积的斜坡碳酸盐岩覆盖

（资料由 J. Wendte 提供）

最大海退面和最大海泛面在礁下的碳酸盐斜坡地层中很容易识别（图 14.7）。在礁的侧翼划分出一个陆坡上超面，该面在过礁外地层的井中表现为高伽马值（饥饿沉积段），在礁的顶部与不整合型滨岸海蚀面相连接。陆坡上超面和不整合型滨岸海蚀面都形成于基准面下降期，前者是由于基准面下降导致陆坡处于饥饿沉积状态，而后者是因为绝大部分礁暴露造成的。在基准面下降后期，泥质硅质碎屑岩进积到该区，并上超于陆坡上超面之上（图 14.7）。

随着基准面上升和海侵，碳酸盐岩沉积物生产率大大增加，硅质碎屑物供给停

止，碳酸盐斜坡开始向外建造，堆积在礁间深水硅质碎屑岩之上。在这些礁上斜坡地层中最大海退面和最大海泛面容易对比。这个实例表明层序地层界面的识别和对比是如何帮助我们认识地层沉积历史的。

小结

层序地层学通过识别和对比低穿时性的层序界面（最大海退面、最大海泛面）或时间分割面（陆上不整合面、不整合型滨岸海蚀面及陆坡上超面），提供了建立近似等时地层格架的绝佳方法。等时地层格架对于预测控制井点之外的沉积相和重建沉积历史及古地貌演化都是至关重要的。

在每种大的沉积环境中至少有一种可用于地层对比的层序地层单元。在非海相和浅海硅质碎屑岩互层地层中，通常存在四种界面（SU、SR-U、MRS、MFS）；在深海硅质碎屑岩环境中，可对比的界面包括最大海退面（MRS）、最大海泛面（MFS）和陆坡上超面（SOS），其中SOS识别难度较大。

在碳酸盐岩地层中，陆上不整合面（SU）非常罕见，在盆缘出现的不整合界面几乎都是不整合型滨岸海蚀面（SR-U）。陆坡上超面在碳酸盐台地/陆坡/深海平原和生物礁环境中常见，并且经常很容易识别和对比。

从盆缘向盆地中心的对比可以通过对比最大海泛面来很好地完成，另外，最大海退面和不整合型滨岸海蚀面相结合，也可以完成这样区域性的地层对比。

15 基准面变化的控制因素及在油气勘探中的应用

引言

通过层序地层界面的划分和对比能够建立近似的时间地层框架，对进一步确定相之间的关系是非常重要的。这或许就是层序地层学的最主要的应用了，所以安排在本书的最后一章（Embry，2009）讨论。一旦建立了层序地层框架，并确定了相之间的关系，就可以利用基准面变化来解释地层的沉积历史。这是因为，层序地层界面是由于基准面变化而产生的（Embry，2008）。

例如，通过陆上不整合面的识别和对比，能够推知在该不整合分布的范围内曾经发生了基准面下降。如果出现不整合型滨岸海蚀面，那么就可以推断该地区在经历基准面下降之后又发生了快速的基准面上升。因此，层序地层对比框架不但使建立相之间的关系成为可能，而且提供了一种通过基准面运动来解释沉积历史的方法。在解释基准面变化时，同时确定造成其变化的外部原因将是很有意义的。因为这有助于增进对该地层沉积历史的理解及对相分布及潜在地层圈闭的预测。

基准面变化的驱动力

如 Barrell（1917）最早提到的，三种外在因素——构造运动、海平面变化和气候——对基准面变化具有驱动作用（Embry，2008）。最重要的问题是，对某一地层序列，"上述三种因素中的哪一种是基准面变化的主要驱动力？"。由于气候变化常常导致局部的、小规模的基准面变化，不是一个驱动区域性的和/或大规模层序的因素，所以在此不进行深入讨论。

构造运动和海平面变化能够产生任何规模的层序，经常有人会问到，到底是构造抬升后又经历沉降，还是海平面下降以后又上升，这二个过程中的哪一个是造成了盆缘地带层序的陆上不整合面和/或不整合型滨岸海蚀面的真正原因呢？

上述关于到底是构造运动还是海平面变化是层序基准面变化的主要驱动力的争论，从19世纪时层序界面被识别出来时就存在了，到了19世纪30年代探讨宾夕伐尼亚旋回层序（即沉积层序）的成因（Weller，1930；Wanless和Shepard，1936）时变得尤其激烈。如今认为上述小规模沉积层序是由于冈瓦那冰川消融或增长所导致的海平面变化造成的（Heckel，1986），这种解释已经被广泛接受了。

Sloss等人（1949）当初定义的"层序"为非常大规模的地层单元，其边界不整合面在北美大陆的绝大部分地层都有分布，而且Sloss（1963）已经证明上述不整合是构造成因的。在1977年Exxon研究者发布关于地震层序地层学的变革性文章中（Vail等人，1977），海平面变化被认为是产生所有层序（无论规模大小）的主要因素。这样解释的原因是基于观察到相同时代的层序发育于不同的大陆边缘这一现象。

当前有一些研究者简单地认为是海平面变化产生了各类层序边界，并且基于此假设及在世界各地的零星观察，发表了关于显生宙部分或全部的海平面变化曲线（Haq等人，1987；Hardenbol等人，1998；Miller等人，2005；Haq和Schutter，2008）。考虑到这个假设具有巨大的不确定性，上述海平面变化曲线是很值得怀疑的，更不要提其极具局限性的观察数据了。本章将讨论层序边界产生的机制，既包括海平面变化也包括构造运动。另外，也给出如何区分由构造运动产生的层序边界和由海平面变化产生的层序边界。

海平面变化

毫无疑问，在许多情况下海平面变化是层序产生的主要原因。考虑到作为层序边界的不整合面不论规模大小，都是在相对较短的时间内产生的，唯一能够通过海平面变化合理地产生层序边界不整合面的过程就是陆地冰盖的消融变化。构造海平面（洋盆水体的变化）的变化速率太慢，不能够产生层序边界。

由冰盖体积变化导致的海平面变化有很好的记录，主要是地球轨道参数变化所驱动的气候旋回造成的，即所谓的Milankovitch旋回（Hays等人，1976）。有三种主要类型的Milankovitch旋回，各自具有特定的周期——二分点（equinoxes）进动频率（约20kyr）、地轴倾斜率（约40kyr）及轨道偏心率（100kyr和400kyr）。这种气候驱动的旋回看起来至少从元古代就存在了（Grotzinger，1986）。这些气候旋回导致的海平面变化幅度大到南北两半球广泛分布冰川时（例如更新世）的100m，小到地球上只有存在山地冰川时（例如泥盆纪）的10m或更小。其他气候相关的因素，比如与温度相关的水体变化和陆地上不断变化着的蓄水体积，也都会导致海平面变化，但是与冰川相比贡献较小。

图15.1是基于氧同位素数据解释出来的过去50万年的海平面变化曲线。其中

每个基准面穿越旋回大约是100kyr（偏心率周期），具有大约120m的变化幅度。请注意，在这段时间内，每个基准面变化旋回以下降段为主，由多个时长较短的小规模的上升段构成。每个旋回的主要基准面上升段只占据大约20%的时长，而且具有相对较高的上升速率（比下降速率高四倍）。问题就变成"会有何种可观测特征能够表征在海平面变化所驱动的基准面穿越旋回过程产生的层序边界不整合面？"。首先，在下倾方向上，不整合面与下伏被削截地层之间的夹角会非常小，只比海底地形倾角（＜1°）稍微大一点；在走向方向上，不存在地层夹角。其次，在这个不整合面上下不会有沉积环境或构造样式的改变，但是考虑到有可能会建立新的泄水体系，所以沉积物组分可能会发生变化。

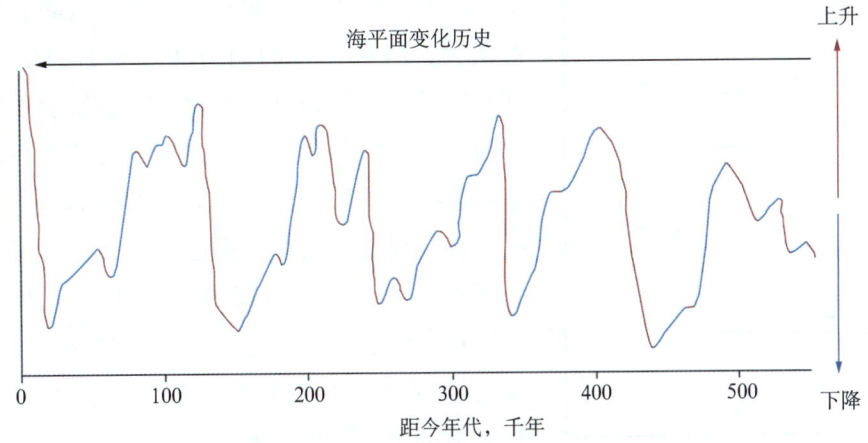

图15.1 通过氧同位素建立的过去50万年的海平面变化曲线
由海平面变化驱动的基准面旋回大约是10万年为周期，
由长的基准面下降期和短的基准面上升期构成

此外，由于海平面变化具有高频率特性，在陆架区域的层序厚度将会相对较小，并且多个相似的层序可能会叠置。最后，上述的一个或多个不整合面会在所有的盆缘地带发育。从理论上讲，这样的不整合面是有可能在世界范围内进行对比的，但是正如Miall（1991）已经巧妙地证明了的，由于缺乏精确的地层年龄测定技术，是不可能在不同盆地之间可靠地对比这些由海平面变化驱动的高频层序的边界的。

必须注意到，许多作者（Miller等，2003）曾经设想，在地质历史的"温室"时期可能会存在一些罕见的规模较大的冰川作用（例如中二叠世至早第三纪），在这些不常见的冰川期可能会产生一些零星分布的不整合，这些不整合所记录的基准面下降幅度可以高达60m。这个假设是很有意思的，但是需要进行验证。果真如此的话，所产生的不整合面也会具有前段所述的可观测不整合特征中的前两个，但是这些不整合面不会在空间上近距离分布。

文献中有很多层序具有上述特征，普遍认为是海平面变化成因的。其中绝大多数层序都是高频的，发育于诸如石炭—二叠世和晚古近纪至今的这样的"冰室"期。根据其边界特征，发育于"温室"期的准层序和高频小规模层序也很可能是海平面变化所驱动的基准面旋回变化的产物。然而，正如 Catuneanu 等人（1997）已经证实了的，并不是所有的高频小规模的层序都是海平面变化成因的。最后，一些发育于"温室"期的低频大规模层序边界也可能是海平面变化成因的（Miller 等人，2003），尽管对这一点还存在争议。

构造运动

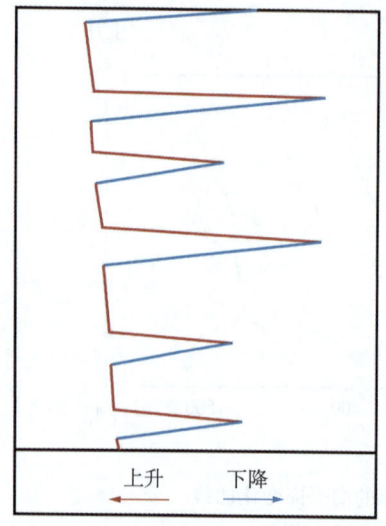

图 15.2　设想的由构造运动驱动的基准面变化曲线，具有长的缓慢上升段（构造平静期）和短的快速基准面下降及随后快速上升复合段（构造抬升和回复）

构造运动也是层序产生的机制之一，但是不同于海平面变化，我们没有可靠的实际曲线来描述构造驱动产生的基准面旋回。笔者认为，各种规模的构造活动与断裂活动相似（即具分形关系），具有短时间的强烈活动期和长时间的构造平静期。图 15.2 所示为建立在这种构造运动模式基础上的受构造驱动的基准面变化曲线。该曲线主要由指示构造相对平静的相对较长的基准面上升期（占据 80% 以上的基准面旋回时长）和代表剧烈构造运动的相对较短的抬升 - 恢复期构成。上述模型在对裂谷盆地中所作的断裂活动驱动的基准面变化研究（Gawthorpe 等人，1994 和 2003）及对斯弗德鲁普（Sverdrup）盆地中生界低级别层序形态所作的观测（Embry，1990）所证实。

构造运动驱动的低频大规模基准面旋回变化能够产生相互间距大的大规模（低级别）层序边界，界面之上具有构造恢复期沉积的薄层海侵地层及随后与热沉降相关的缓慢基准面上升期间沉积的厚层进积地层。然而要注意到的是，构造活动可以发生在任意级别上，所以在诸如前陆盆地（Caruneanu 等，1997；Plint，2000）和裂谷盆地（Gawthorpe 等，1994）这样的构造活动强的背景中是可以产生由构造活动驱动的高频层序边界的。

又一次面临这个重要问题，那就是"受构造活动驱动的层序边界具有什么样的特征，能够使它们可靠地区别于受海平面变化驱动的层序边界？"。或许，识别构造运动驱动的不整合面的最可靠标志就是该不整合面与其下伏层序地层界面之间的显著的角度。图 15.3 所示为一个角度不整合面的露头例子，该不整合面毫无疑问是由构造抬升而不是海平面下降造成的。这种不整合面之下存在的角度可以通过地震或密集井数据来证实（Embry，1997；Dixon，2009）。总而言之，任何时候只要能

基准面变化的控制因素及在油气勘探中的应用   15

图 15.3 Arctic Archipelago 群岛西 Axel Heibeg 岛上 Isachsen 组中的陆上不整合面（红波浪线），下伏地层（下 Isachsen 组、Deer Bay 组）被高角度削截，毫无疑问指示该不整合面的构造成因

够确定在不整合面（陆上不整合面、不整合型滨岸海蚀面 SR–U）之下地层存在一定角度，特别是在没有构造沉降或构造沉降幅度很小的地区，那么基本上就可以肯定该不整合是构造成因的（图 15.4）。

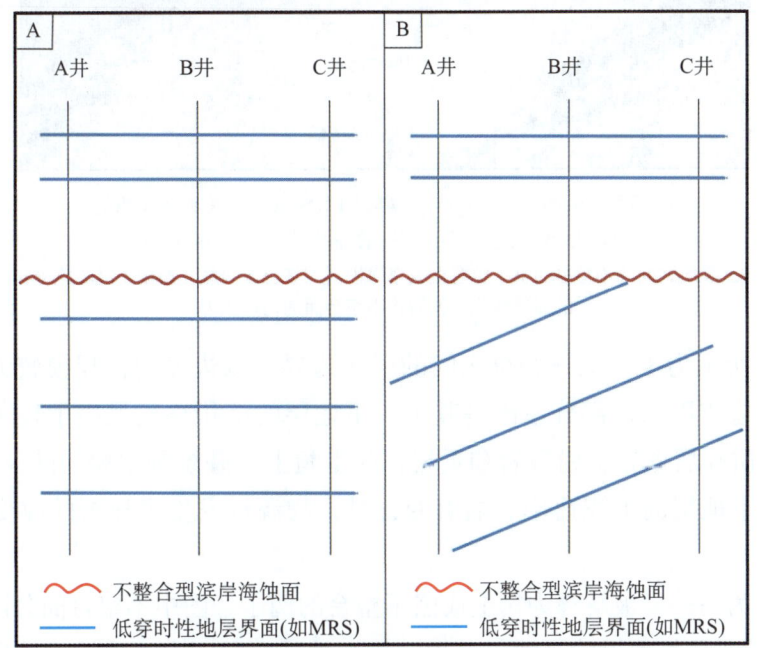

图 15.4 不整合面的"倾斜测试"（Embry，1997，第 418 页）

这样的地层几何测试最好选择在具有相同沉降速率的地区，以消除差异沉降造成的几何效应。图 A 所示为海平面变化成因的不整合面，其上下地层中的层序界面均相互平行且平行于不整合面。在这种情况下，基准面下降在所有井点相同，所以为海平面变化成因的，尽管不能排除构造成因。在图 B 中，不整合面之下的地层界面之间相互平行（相同的沉降速率），但是与不整合面成一定角度（差异抬升），不整合面之上的地层界面之间相互平行且平行于该不整合面（重新具有相同的沉积速率）。这样的地层几何关系只能是构造运动造成的，是构造成因的不整合面的最好证明（例如图 15.3）

其他能够指示构造成因的层序边界的特征包括：
（1）边界上、下沉积环境发生巨大变化；
（2）边界上、下沉积物组分和物源方向发生巨大变化；
（3）边界上、下构造样式和沉降速率发生显著变化。

图 15.5 的不整合面分隔下三叠统和中三叠统（Embry，1988 和 1991），其上下地层的沉积背景和构造样式均发生了明显改变。下三叠统主要为高沉降（170mm/Ma）背景下的辫状河沉积，而上覆的中三叠统则为滨外海相页岩和粉砂岩，沉积于低沉降速率（10mm/Ma）环境下。不整合面之上地层的沉降速率降低超过了 90%，清楚地指示出该不整合面是构造成因的。

图 15.5 Arctic Archipelago 群岛 Ellesmere 岛 Canyon 湾的
Sverdrup 盆地边缘的下三叠统至上三叠统的岩石

下三叠统和中三叠统之间的不整合面（不整合型滨岸海蚀面，红色波浪线）指示了沉降速率和沉积环境的的显著变化，说明该不整合面的构造成因

图 15.6 所示为中、上三叠统之间的层序边界。该边界同样规模较大（二级），被解释为构造成因的，部分原因是其上、下地层的沉积格局发生了显著改变。中三叠统为硅质碎屑砂岩、粉砂岩和页岩，而上覆上三叠统则主要为陆架碳酸盐岩。除了其上、下地层的沉积速率有显著变化外，物源也发生了显著的改变（Embry，1988）。

图 15.7 为另一个被解释为构造成因不整合的例子。图中不整合面分隔诺利克阶（晚三叠世早期）与瑞提阶（晚三叠世晚期）地层，界面上（瑞提阶砂岩，高度石英化）下（诺利克阶砂岩，石英、燧石和岩屑）沉积物组分发生突变。此外，在一些地区诺利克阶地层存在着削截，被削截的地层厚度可达 500 米。这消除了任何对该不整合面构造成因的怀疑。

从 Sloss（1963 和 1988）给出分布于整个大陆范围内的层序边界开始，文献中

图 15.6 Arctic Archipelago 群岛 Ellesmere 岛 Blind 湾中三叠统至上三叠统（Carnian）一个二级层序边界（红色实线），在出露处为最大海退面，分隔中/上三叠统。在该边界上下沉积格局发生重大改变，由硅质碎屑岩变为碳酸盐岩。在该边界上、下同时也有物源和沉降速率的显著变化。所有这些都指示该层序边界的构造成因。

图 15.7 Arctic Archipelago 群岛 Ellesmere 岛 Raanes 半岛西部分隔诺利克阶和瑞替阶（晚三叠世）地层的陆上不整合面
该一级层序边界上、下砂岩的组分发生显著变化，在盆缘地带边界之下地层存在高角度削截，所以被解释为构造成因

就常见到各种构造成因的沉积层序边界。总体来讲，绝大多数的大规模边界（常为一级、二级或三级）都是构造成因的，而且在几乎所有情形下，它们都具备构造不整合面识别标准中的两条或全部。而对于较小规模的边界（四级、五级和六级），如前所述，则常为海平面变化成因的，但也有例外。

一个争论焦点是，许多具有前述构造成因特征的大规模不整合面却被解释为海平面变化成因的，仅仅是因为它们是在不同大陆上的盆地中被识别出来的。例如，中/晚三叠统边界（图 15.6）在世界上许多盆地中被识别出来，所以就被解释为海平面成因的（Biddle，1984）。但是几乎可以肯定，这种大规模层序边界主要是构造运动造成的（Embry，1997）。正如 Sloss（1991，1992）和 Embry（1990，1997，

2006）所说，用板块运动解释世界各盆地均发育的构造成因层序边界成因是合理的（另参考 Collins 和 Bon，1996）。最后强调一点，在世界范围内不同盆地中分布的同时代的边界并不是确定该边界为海平面变化成因而不是构造成因有效标准。

小结

海平面变化和构造运动都可以是层序边界产生的主要驱动因素，二者所导致的基准面变化曲线形态各有特点：构造成因的基准面旋回曲线以缓慢上升段和间隔短的快速下降段加快速上升段为主；而海平面变化成因的基准面旋回曲线以长的缓慢下降段和短的快速上升段为主。如图 15.8 所示，对构造运动和海平面变化这两种驱动因素而言，海侵的开始都几乎重合于基准面开始上升，所以在表面上海平面变化成因的层序边界经常与构造成因的相似。

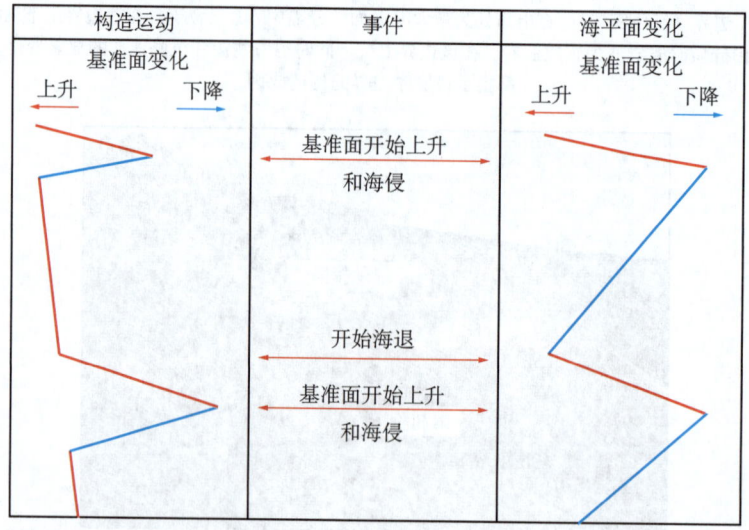

图 15.8 构造运动驱动的基准面旋回（主要以上升为主，夹短促快速下降）与海平面变化驱动的基准面旋回（以下降为主，夹短促快速上升）。二者由于都具有快速的初始上升速率，所以基准面开始上升都与海侵开始重合。这就导致构造成因的层序与海平面变化成因的层序在表面上具相似性。但是，这两种层序类型是可以根据其他的特征区分开的（见正文）

然而，海平面变化成因的层序边界具有许多不同于构造成因的层序界面的特点。最重要的是确定盆缘不整合面之下地层的角度大小，不论是倾向方向上的还是走向方向上，同时确定界面上、下是否有沉积环境、构造样式及沉积物物源的改变，以及改变的大小。有了这些数据就可以合理而且可靠地解释层序边界的成因。而对层序边界的成因解释又有助于预测沉积相带发育、地层几何形态和圈闭情况。

层序地层学和油气勘探

油气勘探的一个主要任务是建立地层对比剖面，并进行地层对比和确定沉积相带之间的关系。包括地层圈闭划分在内的区带预测是建立在可靠的地层对比及随后在对比格架内进行沉积相分析的基础之上。如前所述，层序地层学进行地层界面识别和对比的目的是建立近似等时地层格架。这些要识别的界面包括陆上不整合面、最大海退面、陆坡上超面和最大海泛面（Embry，2009）。在这些界面之间可以构建精细的地层格架，特别是完成了那些小规模的界面对比之后。

层序地层格架对于指导沉积相分析非常重要，而相分析的一个主要目的是识别可以作为油气储层的多孔相。对于硅质碎屑岩而言，多孔相通常是非海相、滨岸、浅海陆架及深海砂岩。每个体系域都可以被看作是一个近似的时间地层单元，包含着从非海相到深海相的多个相带。这些相带在体系域内部横向上和纵向上有规律地分布。例如，如果已经识别出了一个陆上不整合面，该不整合面上覆在滨外海相页岩之上，那么就可以推断，在该不整合面的盆地终端位置的前方可能存在着多孔的临滨砂体。

另一个例子是如果已经识别出了一个不整合型滨岸海蚀面，那么就可以断定在该地区存在着下切谷，保存了陆上不整合面，以及部分主要是海侵期的非海相地层。下切谷中充填了多个多孔相带，而且完全被非渗透性地层（如滨外页岩）包围，一旦能够确定下切谷内某个位置的沉积相，那么就可以对从此位置向陆方向或向海方向的沉积相带变化进行预测。当然，由大规模的基准面下降所导致的暴露的陆架边缘，就可以预测深海平原地区发育的砂质陆坡水道充填及海底扇沉积。

层序地层学还有助于预测多孔地层在侧向上是如何尖灭的以及在何处尖灭。在海退体系域内部，滨岸砂体有时候在向陆地方向会被作为层序边界的不整合面所削截，而在向海方向则会由于相变为非渗透性的滨外页岩或粉砂岩而尖灭，其上覆的海侵体系域的非渗透性陆架地层会对其产生封盖作用。如此，在海退体系域内就可以勾绘出一个多孔滨岸砂岩发育的有利区，利用地震资料可以进一步圈定有利圈闭。

在其他的情况下，滨岸砂岩会向陆地方向相变为非渗透性的海岸平原相而尖灭，海岸平原相可以作为其顶部盖层。对海侵体系域，也可以划分出类似的高孔隙近滨砂体发育带，只不过在这种情况下，近滨砂体会向滨岸海蚀面上超，并逐渐向陆尖灭，随着海侵而被上覆页岩及粉砂岩很好地封盖。

毫无疑问，合理地解释沉积相是勘探成功的关键。同样的，合理地解释层序地层界面也是勘探成功的关键，错误地解释层序界面可能导致错误的勘探方向。通常情况下用于层序解释的数据只有测井曲线，在这种情况下很容易把不整合型滨岸海蚀面误认为最大海退面，或者相反。在自然伽马测井曲线上，这两个界面都被解释为在由浅海向上变粗序列（海退体系域 RST）向浅海向上变细序列（海侵体系域 TST）转变的位置。如果下伏的向上变粗序列终止于中陆架的泥质砂岩，那么勘探工作者就会自然地想到去在海退体系域内部寻找高孔隙的临滨砂岩。如果某井上的界面是一个最大海退面，那么临滨砂岩就应该出现在比该井位置更靠近陆地的方向上。而相反，如果这个界面是一个不整合型滨岸海蚀面，那么该临滨砂体就应该出现在比该井更靠近盆地的方向上，恰恰与解释为最大海退面时的相反。通过这个例子可以看出，正确地解释层序地层界面是勘探成功的关键。

结束语

本章就结束了本书关于实用层序地层学的讨论，内容涵盖了层序地层学的发展历史，层序地层界面、基准面和层序界面之间的关系，层序地层构成单元以及有关层序级别、对比和界面成因的多方面的主题。

层序地层学分析是油气勘探的核心工作方法，如果能够通过使用物理界面和层序单元而客观、务实地应用，将会极大地促进油气勘探和开发。这个工作方法包括：

（1）在地层中识别层序地层界面；
（2）在研究区对所识别出的界面进行对比；
（3）在所建立的层序地层格架内确定沉积相的分布；
（4）利用构造基准面变化或海平面基准面变化来解释地层的沉积演化史；
（5）对每一个层序，在最大海退面和最大海泛面附近分别绘制沉积相分布图。

采用上述工作方法后的层序地层学必将是勘探工作者手中一个极有价值的工具。

词汇表

A

accommodation space	可容纳空间
allogenic	异源
alluvial plain	冲积平原
angularity	角度
anhydrite	硬石膏
argillaceous	含泥质的
autogenic process	自生过程
axis tilt	地轴倾斜

B

basal surface of forced regression（BSFR）	强制海退面
base level	基准面
base-level cycle	基准面旋回
base-level fall	基准面下降
base-level rise	基准面上升
base-level transit cycle	基准面穿越旋回
basin edge	盆缘
basin flank	盆缘
basinward	盆地方向
biostratigraphy	生物地层学
boundary	边界（面）
boundary frequency	边界（发生）频数
bounding surface	边界界面；边界构成界面
bounding unconformity	边界不整合面
brackish	半咸水；过渡相

brackish sediment	过渡相沉积物
brackish strata	海陆过渡相地层
brackish water	半咸水
braided stream	辫状河
breaks in sedimentation	沉积间断

C

carbonate factory	碳酸盐岩工厂
carbonate ramp setting	碳酸盐岩缓坡背景
carboniferous	石炭纪，石炭系
channel deposit	河道沉积
chemostratigraphy	化学地层学
chert	燧石
chronostratigraphic surface	等时地层界面
chronostratigraphic analysis	等时地层对比
chronostratigraphic surface	年代地层界面
chronostratigraphic unit	等时地层单元
chronostratigraphy	年代地层学
classification system	分类体系
clastic material	碎屑物质
climate variation	气候变化
climate-driven	气候驱动的
clinoform	斜积层
coal seam	煤线
coastal plain	海岸平原
compaction	压实作用
condensed horizon	凝缩层
conformable horizon	整合地层
conformity	整合面

control well	控制井
core	岩心
correlation	地层对比
correlation framework	对比格架
correlation surface	对比界面
correlative conformity (CC)	可对比整合面
correlative surface	可对比界面
corsening-upward	向上变粗
cretaceous	白垩纪（系）
cross section	横剖面
current scour	水流冲刷
cycle of base-level rise and fall	基准面升降旋回
cyclothem	旋回层

D

data-driven Hierarchy	基于资料的分级体系
datum	参考层，参考面
datum below the surface of the Earth	地表以下参照面
deep marine	深海
deepening-upward	向上变深
defining unconformity	用来定义层序边界的不整合面
delta-lobe	三角洲朵叶体
depositinal regime	沉积格局
depositional strike	沉积走向
depositional break	沉积间断
depositional dip	沉积倾向
depositional history	沉积历史
depositional sequence	沉积层序
depositional trend	沉积趋势

detached slope carbonates	陆坡滑塌碳酸盐岩堆积物
diachroneity	穿时性
diastem	沉积间断
diastemic shoreline ravinement (SR-D)	沉积间断型滨岸海蚀面
diastrophism	地壳运动
downlap surface	下超面
drivers of base-level change	基准面变化驱动因素

E

estuarine deposit	河口湾沉积
eustasy	海平面变化
eustasy-driven	海平面变化驱动的
eustatic sea-level change	海平面变化

F

facies model	相模式
facies analysis	相分析
facies change	相变
facies contact	相接触面，相变面
falling stage systems tract (FSST)	下降期体系域
fast base-level rise	快速基准面上升
fast initial rise model	快速基准面初始上升模型
fining-upward	向上变细
flooding surface	海泛面
fluvial	河流相，河流的
fluvial entrenchment	河道下切
forced regression systems tract (FRST)	强迫海退体系域
foreland basin	前陆盆地

G

gamma log	伽马测井曲线
genetic sequence	成因层序
geometric relationship	地层几何关系
glacier	冰川
glauconite	海绿石
Gondwana glacier	冈瓦纳冰川
grain-size variation	粒度变化
gravity collapse	重力垮塌

H

healing phase wedge	初始海侵楔状体
hiatal surface	间断面
high-input area	高沉积物供给区域
highly diachronous surface	高穿时性界面
highstand systems tract (HST)	高位体系域
hinterland	内陆高地
horizon	地层

I

impermeable strata	非渗透性地层
incised valley fills	下切谷充填
inflection point	转折点
initial phase of slow base-level rise	缓慢基准面上升初期
initial Base-level rise Model	初始基准面上升模型
initial slow base-level rise	初始缓慢基准面上升
innerpart of the marine shelf	内陆架

interfluve	河间
inter-glacial	间冰川期

L

lake level	湖平面
limestone	白云岩
lithofacies	岩相
lithology	岩性
lithostratigraphic surface	岩性地层界面
lithostratigraphy	岩性地层学
low diachroneity	低穿时性
low-sediment-input area	低沉积物供给区域
lowstand systems tract (LST)	低位体系域
lowstand unconformity	低位不整合

M

magnetostratigraphy	磁性地层学
magnitude	幅度，规模
mapping	成图
marine downlap	海相下超
marine onlap	海相上超
marine shale	海相页岩
marine starvation surface	海相饥饿沉积界面
material-based	基于物理界面的
maximum flooding surface (MFS)	最大海泛面
maximum regressive surface (MRS)	最大海退面
mesozoic	中生代（界）
Milankovitch cycle	米兰科维奇旋回

N

nearshore	近滨
nondeposition	无沉积作用
nonmarine strata	非海相地层
norian	诺利克阶

O

obliquity	黄赤交角
offlap	退覆
offset	斜交，错断
offshore	滨外
offshore shelf	滨外陆架，深海陆架
onlap	上超
orbit eccentricity	轨道偏心率
oscillations of base level	基准面的周期性波动
outer shelf	外陆架
overbank deposit	越岸沉积

P

paleogene	古新世（统）
paleogeographic evolution	古地貌演化
paleontological data	古生物数据
paleosol	古土壤
parasequence	准层序
penecontemporaneous	准同期的
peritidal	潮缘带的
Permian	二叠纪（系）
physical characteristics	物理特征

pinchout	尖灭
plate tectonic mechanism	板块运动机制
platform setting	台地背景
porous facies	多孔相
progradational sedimentation	进积沉积
progradational unit	进积单元
proterozoic	元古界，元古宙

Q

quart	石英
quartzose	石英质的
quiescence	（构造运动）平静期

R

ramp setting	缓坡背景
reef	礁体
reference horizon	参考层
reflector	反射轴
regressive trend	海退趋势
regressive surface of fluvial erosion	河流冲刷海退面
regressive surface of marine erosion（RSME）	海退冲蚀面
regressive systems tract（RST）	海退体系域
retrogradational sedimentation	退积沉积作用
rhaetian	瑞替阶
riverbed	河床
rock fragment	岩屑

S

salt intrusion	盐体侵入

sandstone	砂岩
scoured contact	冲刷面
sea-level change	海平面变化
sediment starvation	沉积物供给匮乏
sediment compositin	沉积物组成
sediment supply	沉积物供给
sedimentation	沉积作用
sedimentation pattern	沉积作用模式
sedimentation rate	沉积速率
sedimentology	沉积学
seismic reflector	地震反射轴
seismic Stratigraphy	地震地层学
sequence stratigraphic surface	层序地层界面
sequence stratigraphy	层序地层学
shale	页岩
shallowing-upward	向上变浅
shallow-water carbonate-bank setting	浅水碳酸盐岩礁岸背景
shelf	陆架
shelf edge	陆架边缘
shelf margin	陆架边缘
shelf margin systems tract (SMW)	陆架边缘体系域
shelf/slope/basin	陆架/陆坡/深海平原
shoreface	临滨
shoreline ravinement	滨岸海蚀面
shoreline Ravinement-Normal (SR-N)	滨岸海蚀面—间断型
shoreline Ravinement-Unconformable (SR-U)	滨岸海蚀面—不整合型
significant stratigraphic gap	显著地层间断
siliciclastic sediment	硅质碎屑沉积物

siliciclastics	硅质碎屑岩
siltstone	粉砂岩
sinusoidal baselevel changes	正弦曲线型基准面变化
slope	陆坡
slope onlap surface (SOS)	陆坡上超面
sonic log	声波测井
stacking pattern	叠加样式
standing water	静水
start base level fall	基准面开始下降
start base level rise	基准面开始上升
start regression	开始海退
start transgression	开始海侵
Steno's Law of Superposition	斯蒂诺地层叠置律
strata	地层
stratigrapher	地层学家
stratigraphic cross-section	地层横剖面
stratigraphic succession	地层序列
stratigraphic surface	地层界面
stratigraphic trap	地层圈闭
stratigraphic unit	地层单元
subaerial erosion	陆上剥蚀
subaerial diastem	陆上沉积间断面
subaerial unconformity (SU)	陆上不整合面
submarine fan	海底扇
submarine landslide	海底滑塌
subsidence	构造沉降
substantial time gap	重大时间间断
supratidal sediment	潮上带沉积
systems tract	体系域

T

tectonic collapse	构造滑塌
tectonic tilting	构造掀斜
tectonic uplift	构造抬升
tectono-eustasy	构造—海平面升降
terrestrial area	陆相地区
terrestrial ice volume	陆地冰盖体积
theory of evolution	进化论
tidal shoreline ravinement	潮成滨岸冲刷面
time framework	时间格架
time gap	时间间隔
time barrier	时间分隔面
time surface	时间界面，等时界面
time-based approach	年代地层方法
time-based	基于时间界面的
time-stratigraphic correlation framework	时间—地层对比格架
top seal	顶部盖层
toplap	顶超
T-R sequence	海侵—海退层序
transgression	海侵
transgressive sediment	海侵沉积物
transgressive surface	海侵面
transgressive systems tract (TST)	海侵体系域
transgressive trend	海侵变化趋势
travel time	声波旅行时间
triassic	三叠纪（系）
truncation	削截
turbidite	浊积

turbidite facies	浊积相
turbidite strata	浊积地层
type 1 sequence boundary	I 型层序界面
type II sequence boundary	II 型层序界面

U

unconformable shoreline ravinement，SR-U	不整合型滨岸海蚀面
upper slope	上陆坡

W

wave shoreline ravinement	浪成滨岸冲刷面
weathering zone	风化层
well log	测井
Wheeler's model	Wheeler 模型
within-trend facies contact	相变面

参 考 文 献

Allen, G., Lang, S., Musakti, O., and Chirinos, A. 1996. Application of sequence stratigraphy in continental successions: implications or Mesozoic cratonic basins of eastern Australia.Geological Society of Australia, Mesozoic Geology of the Eastern Australian Plate. Brisbane, September, 1996. p: 22−27.

Arnott, R.W. 1995. The parasequence definition−are transgressive deposits inadequately addressed? Journal of Sedimentary Research, v. 65, p: 1−6.

Barrell, J. 1917. Rhythms and the measurements of geologic time. GSA Bulletin, v. 28, p: 745−904.

Baum, G. and Vail, P. 1988. Sequence stratigraphic concepts applied to Paleogene outcrops, Gulf and Atlantic Basins. In: Sea level changes: an integrated approach. C.Wilgus, B.S. Hastings, C.G. Kendall, H.W. Posamentier, C.A. Ross, and J.C. Van Wagoner (eds.). SEPM Special Publication 42, p: 309−327.

Beauchamp, B. and Henderson, C. 1994. The Lower Permian Raanes, Great Bear Cape and Trappers Cove formations. Bulletin of Canadian Petroleum Geology, v. 42, p: 562−597.

Bhattacharya, J. and Willis B. 2001. Lowstand deltas in the Frontier Formation, Powder River Basin, Wyoming: implications for sequence stratigraphic models. American Association of Petroleum Geologists Bulletin, v. 85, p: 261−294.

Biddle, K. 1984.Triassic sea level change and the Ladinian−Carnian stage boundary Nature, v. 308, p: 631−633.

Blum, M. and Aslan, A. 2006. Signatures of climate versus sea level change within incised valley fill successions: Quaternary examples for the Texas Gulf Coast. Sedimentary Geology, v. 190, p: 177−211.

Boyd, R, Suter, J, and Penland, S. 1989. Sequence Stratigraphy of the Mississippi Delta. Gulf Coast Association of Geological Societies Transactions, v.39, p: 331−340.

Bradshaw, B. and Nelson, C. 2004. Anatomy and origin of autochthonous late Pleistocene forced regressive deposits, east Coromandel inner shelf, New Zealand: implications for the development and definition of the regressive systems tract. New Zealand Journal of geology and Geophysics, v. 47, p: 81−97.

Brown, L. and Fisher, W. 1977. Seismic−stratigraphicinterpretation of depositional systems: Examples from the Brazilian rift and pull−apart basins. In: Seismic stratigraphy: application to hydrocarbon exploration. C. Payton, (ed.). American Association of Petroleum Geologists Memoir 26, p: 213−248.

Bruun, P. 1962. Sea−level rise as a cause of shore erosion.American Society of Civil

Engineers Proceedings, Journal of the Waterways and Harbors Division, v. 88, p: 117–130.

Burchette, T. and Wright, V.P. 1992. Carbonate ramp depositional deposits.Sedimentary Geology, v.79, p. 3–57.

Burton, R., Kendall, C., and Lerche, I. 1987 Out of our depth: on the impossibility of fathoming eustasy from the stratigraphic record. Earth Science Reviews, v. 24, p: 237–277.

Cantalamessa, G. and Di Celma, C. 2004.Sequence response to syndepositional regional uplift: insights from high-resolution sequence stratigraphy of late early Pleistocene strata, Periadriatic Basin, central Italy. Sedimentary Geology, v. 164, p: 283–309.

Cartwright, J., Haddock, R., and Pinheiro, R. 1993. The lateral extent of sequence boundaries. In: Williams, G. and Dobb, A. (eds.) Tectonics and sequence stratigraphy. Geological Society London Special Publication 71, p: 15–34.

Catuneanu, O. 2006. Principles of Sequence Stratigraphy. Elsevier, New York, 375 p.

Catuneanu, O. In press.Towards the Standardization of Sequence Stratigraphy.Earth Science Reviews.

Catuneanu, O., Sweet, A., and Miall, A. 1997. Reciprocal architecture of Bearpaw T-R sequences, uppermost Cretaceous, Western Canada Sedimentary Basin. Bulletin Canadian Petroleum Geology, v. 45, p: 75–94.

Coe, A. (ed.). 2003. The sedimentary record of sea-level change. Cambridge UniversityPress, New York, 287 p.

Collins, J. F. and Bon, J. 1996. Mantle origin of global sealevel fluctuations andgeomagnetic reversals: evidence from non-linear dynamics. In: C. Caughey et al. (eds.), International Symposium on Sequence Stratigraphy in SE Asia. Indonesian Petroleum Society, p: 91–128.

Cross, T.A. and Lessenger, M. 1998.Sediment volume portioning: rationale for stratigraphic model evaluation and high resolution stratigraphic correlation. In K. Sandvik, F. Gradstein, and N. Milton (eds.). Predictive high resolution sequence stratigraphy. Norwegian Petroleum Society Special Publication 8, p. 171–195.

Cross, T.A. 1991. High resolution stratigraphic correlation from the perspective of base level cycles and sediment accommodation. In J. Dolson (ed.). Unconformity related hydrocarbon exploration and accumulation in clastic and carbonate settings. Short course notes, Rocky Mountain Association of Geologists, p: 28–41.

Dalrymple, R., Zaitlin, B., and Boyd, R. (eds.). 1994. Incised valley Systems: Origin and sedimentary sequences. SEPM, Special Publication 51, 391 p.

Dixon, J. 2009. Triassic stratigraphy in the subsurface of the plains area of Dawson Creek (93P) and Charlie Lake (94A) map areas, northeast British Columbia. Geological Survey of Canada, Bulletin 595, 78 p.

Embry, A. F. 1988. Triassic sea-level changes: evidence from the Canadian Arctic Archipelago. In: C. Wilgus, B. Hastings, C. Kendall, H. Posamentier, C. Ross, and J. Van Wagoner (eds.), Sea-level changes-an integrated approach. SEPM Special Publication 42, p. 249-259.

Embry, A. F.1990. A tectonic origin for third-order depositional sequences in extensionalbasins implications for basin modeling. In: T. Cross (ed.), Quantitative Dynamic Stratigraphy. Prentice Hall, p: 491-502.

Embry, A. F. 1991. Mesozoic history of the Arctic Islands. In: H. Trettin, (ed.), Innuitian Orogen and Arctic Platform: Canada and Greenland: Geological Survey of Canada, Geology of Canada No. 3 (also GSA, The Geology of North America, v. E), p: 369-433.

Embry, A. F. 1993 Transgressive-regressive (T-R) sequence analysis of the Jurassic succession of the Sverdrup Basin, Canadian Arctic Archipelago. Canadian Journal of Earth Sciences, v. 30, p: 301-320.

Embry, A. F. 1995. Sequence boundaries and sequence hierarchies: problems and proposals, In: Steel, R. J., Felt, F. L., Johannessen, E.P., and Mathieu, C. (eds) . Sequence stratigraphy on the northwest European margin: NPF Special Publication 5, p: 1-11.

Embry, A. F. 1997. Global sequence boundaries of the Triassic and their recognition in the Western Canada Sedimentary Basin. Bulletin Canadian Petroleum Geology, v. 45, p: 415-433.

Embry, A. F. 2001. The six surfaces of sequence stratigraphy. AAPG Hedberg Conferenceon sequence stratigraphic and allostratigraphic principles and concepts, Dallas. Abstractvolume, p: 26-27. http: // www.searchanddiscovery.net/documents/ a b s t r a c t s / 2001 h e d b e r g _ d a l l a s / embry03.pdf.

Embry, A. F. 2002. Transgressive-Regressive (T-R) Sequence Stratigraphy, In: Sequence stratigraphic models for exploration and production. J. Armentrout and N. Rosen (eds.) . Gulf Coast Society of Economic Paleontologists and Mineralogists Conference Proceedings, Houston, p: 151-172.

Embry, A. F. 2005. Parasequences in Third Generation (3G) Sequence Stratigraphy.Search and Discovery Article 110022. http: //www.searchanddiscovery.net/documents/2005/av/ embry/softvnetplayer.htm.

Embry, A. F. 2006. Episodic Global Tectonics: Sequence Stratigraphy Meets Plate

Tectonics. GEOExpro, v. 3, p: 26—30.

Embry, A. F. 2008a. Practical Sequence Stratigraphy II: Historical Development of the Discipline: The First 200 Years (1788—1988) .Canadian Society of Petroleum Geologists, The Reservoir, v. 35, issue 6, p: 35—40.

Embry, A. F. 2008a. Practical Sequence Stratigraphy IV: The Material-based Surfaces of Sequence Stratigraphy, Part 1: Subaerial Unconformity and Regressive Surface of Marine Erosion. Canadian Society of Petroleum Geologists, The Reservoir, v. 35, issue 8, p: 37—41.

Embry, A. F. 2008b. Practical Sequence Stratigraphy III: Historical Development of the Discipline: The Last 20 Years (1988—2008) .Canadian Society of Petroleum Geologists, The Reservoir, v. 35, issue 7, p: 24—29.

Embry, A. F. 2008b. Practical Sequence Stratigraphy V: The Material-based Surfaces of Sequence Stratigraphy, Part 2: Shoreline ravinement and Maximum Regressive Surface. Canadian Society of Petroleum Geologists. The Reservoir, v. 35, issue 9, p: 32—39.

Embry, A. F. 2008b. Practical Sequence Stratigraphy VI: The Material-based Surfaces of Sequence Stratigraphy, Part 3: Maximum Flooding Surface and Slope Onlap Surface. Canadian Society of Petroleum Geologists, The Reservoir, v. 35, issue 10, p: 36—41.

Embry, A. F. 2008c. Practical Sequence Stratigraphy VI: The Material-based Surfaces of Sequence Stratigraphy, Part3: Maximum Flooding Surface and Slope Onlap Surface. Canadian Society of Petroleum Geologists. The Reservoir, v. 35, issue 10, p. 36—41.

Embry, A. F. 2008d. Practical Sequence Stratigraphy VII: The base-level change model for material-based sequence stratigraphic surfaces.Canadian Society of Petroleum Geologists. The Reservoir, v. 35, issue 11, p: 31—37.

Embry, A. F.2009. Practical Sequence Stratigraphy XIV: Correlation. Canadian Society of Petroleum Geologists Reservoir, v. 36, issue 7, p: 14—19.

Embry, A. F. 2009a. Practical Sequence Stratigraphy IX: The Units of Sequence Stratigraphy, Part 1, Material-based Sequences. Canadian Society of Petroleum Geologists. The Reservoir, v. 36, issue 2, p: 23—29.

Embry, A. F. 2009a. Practical Sequence Stratigraphy VIII: The Time-based Surfacesof SequenceStratigraphy. Canadian Society of Petroleum Geologists, The Reservoir, v. 36, issue 1, p: 27—33.

Embry, A. F. 2009b. Practical Sequence Stratigraphy IX: Part 1 Material-based Sequences. Canadian Society of Petroleum Geologists, The Reservoir, v. 36, issue 2, p: 23—29.

Embry, A. F. 2009b. Practical Sequence Stratigraphy X: The Units of Sequence Stratigraphy, Part2, Time-based Sequences.Canadian Society of Petroleum Geologists.

The Reservoir, v. 36, issue 3, p: 21—24.

Embry, A. F. 2009c. Practical Sequence Stratigraphy XI: The Units of Sequence Stratigraphy, Part3: Systems Tracts. Canadian Society of Petroleum Geologists. The Reservoir, v. 36, issue 4, p: 24—29.

Embry, A. F. In press.Correlating Siliciclastic Successions with Sequence Stratigraphy. In: K. Ratcliffe and B. Zaitlin, (eds.), Application of Modern Stratigraphic Techniques: Theoryand Case Histories, SEPM Special Publication 94.

Embry, A. F. and Johannessen, E. P. 1993. T—R sequence stratigraphy, facies analysisand reservoir distribution in the uppermost Triassic— Lower Jurassic succession, western Sverdrup Basin, Arctic Canada, In: Arctic Geology and Petroleum Potential. T. Vorren, E. Bergsager, O. A. Dahl—Stamnes, E. Holter, B. Johansen, E. Lie, and T.B. Lund (eds.) . NPF Special Publication 2, p: 121—146.

Embry, A. F. andKlovan, E. 1971. A Late Devonian reef tract on northeastern Banks Island, NWT. Bulletin of Canadian Petroleum Geology, v. 19, p: 730—781.

Embry, A. Johannessen, E., Owen, D, and Beauchamp, B. 2007. Recommendations for sequence stratigraphic surfaces and units (abstract) . Arctic Conference Days, Abstract Book. Tromso, Norway.

Forgotson, J. 1957. Nature, Usage, and Def inition of Marker—Def ined Ver tically Segregated Rock Units.Geological Notes. AAPG Bulletin, v. 41, p: 2108—2113.

Frazier, D. 1974. Depositional episodes: their relationship to the Quaternary stratigraphic framework in the northwestern portion of the Gulf Basin. Bureau of Economic Geology, University of Texas, Geological Circular 74—1, 26 p.

Galloway, W.E. 1989. Genetic stratigraphic sequences in basin analysis I: architecture and genesis of flooding surface bounded depositional units. AAPG Bulletin, v. 73, p. 125—142.

Galloway, W.E. and Sylvia, D.A. 2002. The many faces of erosion: theory meets data insequence stratigraphic analysis. In: Sequence stratigraphic models for exploration and production. J. Armentrout and N. Rosen (eds.) . Gulf Coast SEPM Conference Proceedings, Houston, p: 99—111.

Gawthorpe, R., Fraser, A., and Collier, R. 1994. Sequence stratigraphy in active extensional basins: implications for the interpretation of ancient basin fills. Marine and Petroleum Geology, v. 11, p: 642—658.

Gawthorpe, R., Hardy, S., and Ritchie, B. 2003. Numerical modeling of depositional sequences in half—graben rift basins. Sedimentology, v. 50, p: 169—185.

Grabau, A. 1906. Types of sedimentary overlap. GSA Bulletin, v. 17, p: 567—636.

Greenlee, S. and Moore, T. 1988. Recognition and interpretation of depositional sequences andcalculation of sea-level changes from stratigraphic data-offshore New Jersey andAlabama. In: Sea level changes: an integrated approach. C. Wilgus, B.S. Hastings, C.G.Kendall, H.W. Posamentier, C.A. Ross, andJ.C. Van Wagoner (eds.). SEPMSpecial Publication 42, p: 329-353.

Grotzinger, J. 1986. Upward shallowing platform cycles: a response to 2.2 billion years of low-amplitude, high-frequency (Milankovitch band) sea level oscillations. Paleoceanography, v.1, p: 403-416.

Hamilton, D., and Tadros, N. 1994. Utility of coal seams as genetic stratigraphic sequence boundaries in nonmarine basins: an example from the Gunnedah Basin. AAPG Bulletin, v. 78, p: 267-286.

Hampson, G. 2000. Discontinuity surfaces, clinoforms and facies architecture in a wave dominated, shoreface-shelf parasequence. Journal of Sedimentary Research, v. 70, p: 325-340.

Haq, B and Schutter, S. 2008. A Chronology of Paleozoic Sea- Level Changes.Science, v. 322.p: 64-68.

Haq, B., Hardenbol, J., and Vail, P. 1987. Chronology of fluctuating sea levels since the Triassic (250 million years ago to present). Science, v. 235, p: 1156-167.

Haq, B., Hardenbol, J., and Vail, P. 1988. Mesozoic and Cenozoic chronostratigraphy and cycles of sea level change. In: Sealevel changes: an integrated approach. C. Wilgus, B. S. Hastings, C. G. Kendall, H. W. Posamentier, C. A. Ross, and J. C. Van Wagoner (eds.).Society of Economic Paleontologists and Mineralogists, Special Publication 42, p: 40-45.

Hardenbol, J., Thierry, J., Farley, M., Jacquin, T., De Graciansky, P. and Vail, P. 1998.Mesozoic and Cenozoic Sequence Chronostratigraphic Framework of European Basins. In: P.C. de Graciansky, J. Hardenbol, T. Jacquin, and P. Vail (eds.), Mesozoic and Cenozoicsequence stratigraphy of European basins, SEPM Special Publication 60, p: 3-14.

Hays, J., Imbrie J., and Shackleton, N. 1976. Variations in the Earth's Orbit: Pacemaker of the Ice Ages. Science, v. 194.p: 1121-1132.

Heckel, P.1986.Sea-level curve for Pennsylvanian eustatic marine transgressive-regressive depositional cycles along midcontinent outcrop belt, North America.Geology, v. 14, p: 330-334.

Helland-Hansen W. and Martinsen, O.J.1996.Shoreline trajectories and sequences: description of variable depositional-dip scenarios: Journal of Sedimentary Research, v.

66, p: 670-688.

Helland-Hansen, W. and Gjelberg, J. 1994. Conceptual basis and variability insequencestratigraphy: a different perspective. Sedimentary Geology, v. 92, p: 1-52.

Hodgson, D., Flint, S., Hodgetts, D., Drinkwater, N., Johannessen, E., and Luthi, S. 2006. Stratigraphic Evolution of Fine-Grained Submarine Fan Systems, Tanqua Depocenter, Karoo Basin, South Africa. Journal of Sedimentary Research, v. 76, p: 20-40.

Hunt, D. and Tucker, M. 1992. Stranded parasequences and the forced regressive wedge systems tract: deposition during base-level fall. Sedimentary Geology, v. 81, p: 1-9.

Janson, X, Eberli, G., Bonnaffe, F., Gaumet, F., and de Casanove, V. 2007. Seismic expression of a prograding carbonate margin, Mut Basin, Turkey. American Association ofPetroleum Geologists Bulletin, v. 91.p: 685-713.

Jervey, M. 1988. Quantitative geological modeling of siliciclastic rock sequences and their seismic expression. In: Wilgus, C., Hastings, B.S., Kendall, C.G., Posamentier, H.W., Ross, C.A., and Van Wagoner, J.C. (eds.). Sea level changes: an integrated approach. SocietyforSedimentary Geology (SEPM) Special Publication 42, p: 47-69.

Johannessen, E. J. and Steel, R. J. 2005. Shelfmargin clinoforms and prediction of deep water sands. Basin Research, v. 17, p: 521-550.

Johannessen, E. J. Mjos, R., Renshaw, D., Dalland, A., and Jacobsen, T. 1995. Northern limit of the Brent delta at the Tampen Spur—a sequence stratigraphic approach for sandstone prediction. In R. Steel, V. Felt, E. Johannessen, and C. Mathieu (eds.). Sequence Stratigraphy of the Northwest European Margin. Norwegian Petroleum Society Special Publication 5, p: 213-256.

Krumbein, W. and Sloss, L. 1951. Stratigraphy and sedimentation. W. M. Freeman and Co. San Francisco, 495 p.

Loutit, T., Hardenbol, P., Vail, P., andBaum, G. 1988. Condensed sections: thekey to age dating and correlation of continental margin sequences. In: Sea level changes: an integrated approach. C. Wilgus, B.S. Hastings, C.G. Kendall, H.W. Posamentier, C.A. Ross, and J.C. Van Wagoner (eds.). SEPM Special Publication 42, p: 183-216.

Maceachern, J., Raychaudhuri, I., and Pemberton, G. 1992. Stratigraphic applications of the Glossifungites ichnofacies delineating discontinuities in the rock record. In: Pemberton, G. (ed.), Applications of Ichnology to Petroleum Exploration. Society for Sedimentary Geology (SEPM) Core Workshop Notes 17, p: 169-198.

MacNeil, A. and Jones, B. 2005.Sequence stratigraphy of a Late Devonian rampsituated reef system in the Western Canadian Sedimentary Basin: Dynamic responses to sea level change and regressive reef development. Sedimentology, v. 53, p: 321-359.

McCarthy, P. J. and Plint, A. G.1998. Recognition of interfluve sequence boundaries: integrating paleopedology and sequence stratigraphy. Geology, v. 26, p: 387-390.

Mellere, D. and Steel, R.2000. Style contrast between forced regressive and lowstand/transgressive wedges in the Campanian of north- central Wyoming (HatfieldMemberofthe Haystack Mountains Formation). In: Sedimentary responses to forced regressions. D. Hunt, and R. Gawthorpe (eds.). Geological Society of London, Special Publication 172, p: 141-162.

Merriam, D. (ed.) 1964. Symposium on cyclic sedimentation.Kansas Geological Survey, Bulletin 169 (2 volumes), 636 p.

Miall. A. 1991. Stratigraphic sequences and their chronostratigraphic correlation. JournalofSedimentary Research, v. 61, p. 497-505.

Miller K. 2003. Late Cretaceous chronology of large, rapid, sea-level changes: Glacioeustasy during the greenhouse world. Geology. v. 31, p: 585-588.

Miller, K., et al. 2005. The Phanerozoic Record of Global Sea- Level Change. Science, v. 310, p. 1293-1298.

Mitchum, R. and Van Wagoner, J. 1991. High frequency sequences and their stacking patterns: sequence stratigraphic evidence for high frequency eustatic cycles. Sedimentary Geology, v. 70, p: 131-160.

Mitchum, R, Vail, P., and Thompson, S. 1977. Seismic stratigraphy and global changes in sea level, part2: the depositional sequence as the basic unit for stratigraphic analysis, In: Seismic stratigraphy: application to hydrocarbon exploration. Payton, C. (ed.). American Association of Petroleum Geologists Memoir 26, p. 53-62.

Mjos, R., Hadler-Jacobsen, F., and Johannessen, E. 1998. The distal sandstone pinchout of the Mesa Verde Group, San Juan basin and its relevance for sandstone prediction of the Brent Group, northern North Sea. In K. Sandvik, F. Gradstein, and N. Milton, (eds.). Predictive high resolution sequence stratigraphy. Norwegian Petroleum Society Special Publication 8, p: 263-297.

Muto, T., Steel, R. and Swenson, J. 2007. Autostratigraphy: A Framework Norm for Genetic Stratigraphy. Journal of Sedimentary Research, v.77, p: 2-12.

Naish, T. and Kamp, P. 1997. Sequence stratigraphy of 6th order (41k.y.) Pliocene-Pleistocene cyclothems, Wanganui Basin, New Zealand: a case for the regressive systems tract. Geological Society of America Bulletin, v. 109, p: 979-999.

Nummedal, D., Riley, G., and Templet, P. 1993. High resolution sequence architecture: a chronostratigraphic model based on equilibrium profile studies.In: Posamentier, H.,

Summerhayes, C., Haq, B., and Allen, G. (eds.). Sequence stratigraphy and facies association. International Association of Sedimentologists, Special Publication 18, p: 55 –68.

Oliver, T. and Cowper, N. 1963. Depositional environments of the Ireton formation, Central Alber ta. Bulletin of Canadian Petroleum Geology, v. 11, p: 183–202.

Payton, C. (ed.) 1977. Seismic stratigraphy: applications to hydrocarbon exploration. AAPG Memoir 26, 516 p.

Plint, G., McCarthy, P., and Faccini, U.2001.Nonmarine sequence stratigraphy: updip expression of sequence boundaries and systems tracts in a high resolution framework, Cenomanian Dunvegan Formation, Alberta foreland basin, Canada. American Association of Petroleum Geologists Bulletin, v. 85, p: 1967–2001.

Plint, A. 1988. Sharp–based shoreface sequences and offshore bars in the Cardium Formation of Alberta: their relationship to relative changes in sea level. In C. Wilgus, B.S. Hastings, C.G. Kendall, H.W. Posamentier, C.A. Ross, and J.C. Van Wagoner, (eds.). Sea level changes: an integrated approach. SEPM Special Publication 42, p: 357–370.

Plint, A. 2000. Sequence stratigraphy and paleogeography of a Cenomanian deltaic complex: the Dunvegan and lower Kaskapau formations in subsurface and outcrop, Alberta andBritish Columbia, Canada. Bulletin Canadian Petroleum Geology, v. 48, p: 43–79.

Plint, A.and Nummedal, D.2000. The falling stage systems tract: recognition and importancein sequence stratigraphic analysis. In: Hunt, D. and Gawthorpe, R. (eds.). Sedimentary responses to forced regressions. Geological Society of London, Special Publication 172, p: 1–17.

Pomar, L.1991. Reef geometries, erosion surfaces and high frequency sea level changes, Upper Miocene reef complex, Mallorca, Spain. Sedimentology, v. 38, p: 243–269.

Posamentier, H. 2001.Sequence stratigraphy: the theoretical and the pragmatic (abstract). Canadian Society of Petroleum Geologists, The Reservoir, v. 28, issue 11, p: 14.

Posamentier, H. 2003. A linked shelf–edge delta and slope–channel turbidite system: 3d seismic case study from the eastern Gulf of Mexico. in: Roberts, H., Rosen, N, Fillon, R., and Anderson, J. (eds.), Shelf margin deltas and linked down slope petroleum systems, Proceedings of the 23rd GCSSEM conference, p: 115–134.

Posamentier, H.and Chamberlain, C. 1993. Sequence stratigraphic analysis of Viking Formation lowstandbeachdeposits at Joarcam Field, Alberta, Canada. In: Sequence stratigraphy and facies association. H. Posamentier, C. Summerhayes, B. Haq, and G.Allen (eds.). International Association of Sedimentologists, Special Publication 18, p: 469–485.

Posamentier, H. and Allen, G. 1993. Variability of the sequence stratigraphic model：effects of local basin factors. Sedimentary geology, v. 86, p：91–109.

Posamentier, H. and Allen, G. 1999. Siliciclastic sequence stratigraphy–concepts and applications. SEPM Concepts in Sedimentology and Paleontology, no. 7, 210 p.

Posamentier, H. and Vail, P. 1988. Eustatic controls on clastic deposition II–sequence and systems tract models. In：Sea level changes：an integrated approach. C. Wilgus, B. S. Hastings, C. G. Kendall, H. W. Posamentier, C. A. Ross, and J. C. Van Wagoner, (eds.) . Society of Economic Paleontologists and Mineralogists, Special Publication 42, p：125–154.

Posamentier, H. Jervey, M., and Vail, P. 1988. Eustatic controls on clastic deposition I：conceptual framework. In：Sea level changes：an integrated approach. C.Wilgus, B.S. Hastings, C.G. Kendall, H.W. Posamentier, C.A. Ross, and J.C. Van Wagoner (eds.) . SEPM Special Publication 42, p：109–124.

Posamentier, H., Allen, G., James, D., and Tesson, M.1992.Forced regression in asequence stratigraphic framework：concepts, examples and exploration significance. AAPG Bulletin, v. 76, p：1687–1709.

Ratcliffe, K., Wright, A., Hallsworth, C., Morton, A., Zaitlin, B., Potocki, D., and Wray, D.2004. An example of alternative correlation techniques in a low accommodationsetting, nonmarine hydrocarbon setting：the (LowerCretaceous) Mannville Basal Quartz succession of southern Alberta. AAPG Bulletin, v. 88, p：1419–1432.

Schlager, W. 2005. Carbonate sedimentology and sequence stratigraphy.SEPMConcepts in Sedimentology and Paleontology 8, 200 p.

Schlager, W. 1992.Sedimentology and sequence stratigraphy of reefs and carbonate platforms. American Association of Petroleum Geologists Continuing Education Course Notes Series # 34. 71 p.

Shackleton, N.J. 1987.Oxygen isotopes, ice volume and sea level. Quaternary Science Reviews, v. 6, p：183–190.

Sixsmith, P., Flint, S., Wickens, H., and Johnson, S. 2004. Anatomy and stratigraphicdevelopment of a basin floor turbidite system in the Lainsburg Formation, Main Karoo Basin, South Africa Journal Sedimentary Research, v. 74, p：239–254.

SlossL. 1988.Tectonic evolution of the craton in Phanerozoic time. In：L. Sloss (ed.), Sedimentary Cover–North American Craton：U.S. The Geology of North America, D2, Geological Society of America, p. 25–51.

SlossL. 1991. The tectonic factor in sea level change：a countervailing view. Journal

Geophysical Research, v. 96, p: 6609—6617.

SlossL. 1992. Tectonic episodesofcratons: conflicting North American concepts. Terra Nova, v. 4, p. 320—328.

Sloss, L.1963.Sequences in the cratonic interior of North America.GSA Bulletin, v. 74, p. 93—113.Sloss, L., Krumbein, W., and Dapples, E. 1949.Integrated facies analysis.in: Longwell, C. (ed.) .Sedimentary facies in geologic history. Geological Society America, Memoir 39, p: 91—124.

Sloss, L. Krumbein, W., and Dapples, E. 1949.Integrated facies analysis. In: C. Longwell, (ed.) . Sedimentary facies in geologic history. Geological Society America, Memoir 39, p: 91—124.

Stamp, L.1921.On cycles of sedimentation in the Eocene strata of the Anglo—Franco—Belgian Basin. Geological Magazine, v. 58, p: 108—114.

Suter, J., Berryhill, H., and Penland, S. 1987. Late Quaternary sea level fluctuations and depositional sequences, southwest Louisiana continental shelf. In D. Nummedal, O. Pilkey, and J. Howard, (eds.) . Sealevelchanges and coastal evolution. SEPM Special Publication 41, p: 199—122.

Swift, D.1975. Barrier island genesis: evidence from the central Atlantic shelf, eastern USA. Sedimentary Geology. 14, p: 1—43.

Vail, P. and Todd, R. 1981. Northern North Sea Jurassic unconformities, chronostratigraphy and sea—level changes from seismic stratigraphy. In: Petroleum Geology of the Continental Shelf of Northwest Europe. L. Illing and G. Hobson (eds.) . Heyden and Son, Ltd., London, p: 216—236.

Vail, P. 1977. Seismic stratigraphy and global changes in sea level. In: Seismic stratigraphy: applications to hydrocarbon exploration. Payton, C. (ed.) .American AssociationofPetroleum Geologists Memoir 26, p: 49—212.

Vail, P. 1991. The stratigraphic signatures of tectonics, eustasyandsedimentology—an overview. In: Cycles and events in stratigraphy, G. Einsele, et al. (eds.), Springer—Verlag, New York, p: 611—159.

Van Wagoner, J.C., Mitchum, R.M., Campion, K.M., and Rahmanian, V.D. 1990. Siliciclastic sequence stratigraphy in well logs, cores and outcrops: AAPG Methods in Exploration, no. 7, 55 p.

Van Wagoner, J.C., Posamentier, H.W., Mitchum, R.M., Vail, P.R., Sarg, J.F., Loutit, T.S., and Hardenbol, J. 1988. An overview of the fundamentals of sequencestratigraphy andkey definitions, In: Wilgus, C., Hastings, B.S., Kendall, C.G., Posamentier, H.W., Ross, C.A., and Van Wagoner, J.C. (eds.) . Sea level changes: an integrated approach: SEPM Special Publication 42, p: 39—46.

Vecsei, A. and Duringer, P. 2003. Sequence stratigraphy of Middle Triassic carbonates and terrigenous deposits (Muschelkalk and lower Keuper) in the SW Germanic Basin: maximum flooding versus maximum depth in intracratonic basins. Sedimentary Geology, v. 160, p: 81—105.

Wanless, H. and Shepard, F. 1936. Sea level and climatic changes related to late Paleozoic cycles. GSA Bulletin, v. 47, p: 1177—1206.

Weller, J. M. 1930.Cyclic sedimentation of the Pennsylvanian period and its significance. Journal of Geology, v. 38, p: 97—135.

Wendte, J. and Uyeno, T. 2005. Sequence stratigraphy and evolution of Middle to Upper Devonian Beaverhill Lake strata, south-central Alberta.Bulletin Canadian Petroleum Geology, v.53, p: 250—354.

Wendte, J., Bosman, M., Stoakes, F., and Bernstein, L. 1995.Genetic and stratigraphic significance of the Upper Devonian Frasnian Z marker, west-central Alberta. Bulletin Canadian Petroleum Geology, v. 43, p: 393—406.

Wheeler, H. E. 1958.Time stratigraphy. AAPG Bulletin, v. 42, p: 1208—1218.

Wheeler, H. E. 1959. Stratigraphic units in time and space.American Journal Science, v. 257, p: 692—706.

Wheeler, H. E. 1964a. Base level, lithosphere surface and time stratigraphy. GeologicalSociety of America Bulletin. v. 75, p. 599—610.

Wheeler, H .E. 1964b.Base level transit cycle.in: Merriam, D.F. (ed.) Symposium oncyclic sedimentation: Kansas Geological Survey, Bulletin169, p. 623—629.

Wheeler, H. E. and Murray, H. 1957. Base level control patterns in cyclothemic sedimentation. AAPG Bulletin, v. 41, p. 1985—2011.

Wilgus, C, Hastings, B.S., Kendall, C .G., Posamentier, H.W., Ross, C.A., and Van Wagoner, J.C. (eds) . 1988. Sea level changes: an integrated approach. SEPM Spec. Pub. 42, 407 p.

Zaitlin, B. A., Warren, M. J., Potocki, D., Rosenthal, L., and Boyd, R. 2002. Depositional styles in a low accommodation foreland basin setting: an example from the Basal Quartz (Lower Cretaceous), south-central Alberta. Bulletin Canadian Petroleum Geology, v. 50, p: 31—72.

Zaitlin, B., Dalrymple, R., and Boyd, R. 1994. The stratigraphic organization ofincised-valleys systems associated with relative sea level change. In Dalrymple, R. and Zaitlin, B. (eds.) . Incised valley systems: origin and sedimentary sequences: SEPM special publication 51, p: 45—60.